墙面装饰

装饰

家居装饰工艺
从入门到精通

李江军　李戈　编

中国电力出版社
CHINA ELECTRIC POWER PRESS

内 容 提 要

　　在室内空间中，吊顶和墙面面积最大，重要性不言而喻。因此，吊顶和墙面装饰是空间界面设计中最核心的部分。本书重点分析了墙面材料的选择方法和装饰技法，从材料、工艺、色彩、软装等全面、系统地介绍了室内吊顶和墙面装饰的知识，不谈枯燥的理论体系，只谈具体实际应用，强大的实用性满足了不同层次读者的需求，图文并茂的形式符合图书轻阅读的流行趋势。

图书在版编目（CIP）数据

家居装饰工艺从入门到精通. 墙面装饰／李江军，李戈编. — 北京 ： 中国电力出版社，2021.8
ISBN 978-7-5198-5684-7

I. ①家… II. ①李… ②李… III. ①墙面装修－室内装饰设计 IV. ① TU241

中国版本图书馆 CIP 数据核字 (2021) 第 113057 号

出版发行：中国电力出版社
地　　址：北京市东城区北京站西街 19 号（邮政编码 100005）
网　　址：http://www.cepp.sgcc.com.cn
责任编辑：乐　苑　（010-63412380）
责任校对：黄　蓓　李　楠
装帧设计：唯佳文化
责任印制：杨晓东

印　　刷：北京瑞禾彩色印刷有限公司
版　　次：2021 年 8 月第一版
印　　次：2021 年 8 月北京第一次印刷
开　　本：787mm×1092mm　　16 开本
印　　张：11
字　　数：274 千字
定　　价：68.00 元

前言
Foreword

在室内空间中，吊顶和墙面面积最大，重要性不言而喻。因此，吊顶和墙面装饰是空间界面设计中最核心的部分。坚固、规整而对称的吊顶和墙面设计，能够表达出一种规范的美感；不规则的吊顶和墙面设计则具有灵动感，尤其是当采用粗糙纹理的材料或将某种非规则的设计特性带到空间中时，表现得更为强烈。

吊顶和墙面装饰使用不同的装饰材料，每一种材料都有着自身的特点，呈现出不同的空间氛围，带给人不同的视觉感受。本套书重点分析了吊顶和墙面材料的选择方法和装饰技法。掌握了本书解析的知识要点以后，可以针对不同风格的空间作出相应的空间界面设计。

随着精装房时代的来临，软装设计元素呈现出越来越重要的作用。对于吊顶而言，灯具就是最大的顶面软装元素；对于墙面而言，除了基础的墙面材料之外，壁饰、装饰镜、装饰画、照片墙、装饰挂毯、装饰挂盘、布艺窗帘等是室内墙面装饰的主要组成部分。本书从材料、工艺、色彩、软装等全面、系统地介绍了室内吊顶和墙面装饰的知识，不谈枯燥的理论体系，只谈具体实际应用，强大的实用性满足了不同层次读者的需求，图文并茂的形式符合图书轻阅读的流行趋势。

编　　者

目录

Contents

墙面色彩图案
的搭配

在墙面设计中，色彩变化是最明显、最有弹性、立即见效的方法。挑选墙面色彩并不如一般人想象得那么难，更不需要专业的色彩学知识。墙面运用图案装饰比用单纯的色彩更能改变空间效果和表现特定的氛围，而且可以在视觉和心理上改变空间感，使人感觉狭小或者宽敞。

LOST MY MIND

& 布鲁盟设计

墙面色彩的搭配原则

WALL SPACE
DESIGN

　　墙面在室内环境中占的面积最大，是最容易形成视觉中心的部分。因此，墙面色彩对营造室内氛围有着举足轻重的作用。虽然从理论上来说，有几面墙便可以刷几种颜色，但是如果要保持空间的整体感，还是控制在一到两种颜色为佳。墙面并不是只能涂刷一种颜色，渐变色、多色混搭，能给家里带来全新的感觉。多色搭配时，最好选择基调相近的色彩，这样能保持风格的一致性，同时富有层次感。另外，搭配色不宜过多，否则会显得杂乱而没有主题。双色或多色搭配时，要注重色调的协调感，可以是相近色，也可以是互补色，但是颜色最好不要超过三种。

△ 墙面出现两组对比色以增加视觉冲击感，并且都与室内家具的色彩形成呼应关系

△ 墙面运用双色或多色搭配时，要注重色调的协调感

很多人会认为色彩丰富的空间更有美感，但丰富的色彩并非要全部来自墙面，当地面、家具、地毯、花卉、饰品等组合到一起的时候，色彩自然会丰富起来。如果墙面的色彩过多，这种堆积起来的色彩就会显得混乱。应该将所有的墙面理解为室内陈设的背景色，除非特意制造动感的效果，否则还是将背景处理得简洁一些，才能使室内陈设有一个清晰的背景。其实，通常一种颜色在明暗、冷暖、饱和度等方面上稍做变化，就会给人很不一样的感觉。如果墙面除了涂刷乳胶漆之外，还有部分是铺贴墙纸，那么墙纸图案的底色最好与墙漆相近，这样才能保持两者之间的共通感，不会让几个墙面之间彼此割裂。

△ 配色时应把墙面考虑成室内陈设的背景色，才能更好地凸显出家具、布艺、挂画等其他软装元素的色彩

△ 即使是同一种颜色，只要在纯度或明暗方面稍做变化，同样可以呈现出丰富的视觉效果

墙面色彩对空间感的影响

WALL SPACE
DESIGN

　　墙面的视觉感不仅与其颜色的色相有关，明度也是一个重要因素。暖色系中，明度高的颜色为膨胀色，可以使墙面看起来比实际大；而冷色系中，明度较低的颜色为收缩色，可以使墙面看起来比实际小。

　　在室内装饰中，只要利用好色彩的缩扩感，就可以使房间显得宽敞明亮。比如在小户型中，用明度较高的冷色系色彩作为小空间墙面的主色，可以扩充空间水平方向的视觉延伸，为小户型环境营造出宽敞大气的居家氛围。这些色彩也具有扩散性和后退性，能让小户型呈现出一种清新、明亮的感觉。

△ 冷色系中明度较低的颜色为收缩色，可以使墙面看起来比实际小

△ 明度较高的冷色系具有扩散性和后退性，应用在小户型空间的墙面具有扩大视觉空间的作用

△ 暖色系中明度高的颜色为膨胀色，可以使墙面看起来比实际大

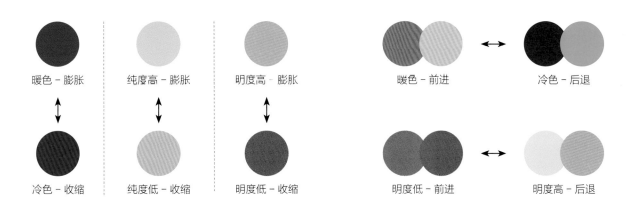

| 暖色－膨胀 | 纯度高－膨胀 | 明度高－膨胀 | 暖色－前进 | 冷色－后退 |
| 冷色－收缩 | 纯度低－收缩 | 明度低－收缩 | 明度低－前进 | 明度高－后退 |

同一背景、面积相同的墙面，由于其色彩的不同，有的给人突出向前的感觉，有的则给人后退深远的感觉。通常，活跃的墙面色彩有前进感，如暖色系色彩和高明度色彩就比冷色系和低明度色彩活跃。冷色、低明度的墙面色彩有后退感。在室内装饰中，利用色彩的进退感可以从视觉上改善房间户型缺陷。如果空间宽敞，可采用前进色处理墙面；如果空间狭窄，可采用后退色处理墙面。例如，把过道尽头的墙面刷成红色或黄色，墙面就会有前进的效果，令过道看起来没有那么狭长。

△ 具有前进效果的墙面配色

△ 具有后退效果的墙面配色

墙面与家具的色彩关系

WALL SPACE
DESIGN

在选择墙面颜色的时候，需要和家具结合起来考虑，而家具的色彩也要和墙面相互映衬。比如墙面的颜色比较浅，那么家具一定要有和这个颜色相同的色彩在其中，这样才更加自然。通常，如果是浅色的家具，客厅墙面宜采用与家具近似的色调；如果是深色的家具，客厅墙面宜用浅灰色调。如果事先已经确定要买哪些家具，可以根据家具的风格、色彩等因素选择墙面色彩，避免后期搭配时出现风格不协调的问题。

靠墙放置的家具，如果与背景墙的颜色太过接近，也会让人觉得色彩过于单调，造成家具与墙面融为一体的感觉。如果家中的墙面装饰是木质的话，则需要特别注意家具的颜色不要与材质太过接近。

△ 墙面与家具应用同类色搭配法则，保证整体空间的协调感

△ 小件家具与墙面的色彩形成对比，可增加整体空间的活力

△ 墙面应与靠墙放置的家具色彩拉开层次，避免造成两者融为一体的感觉

墙面图案的种类很多，如古典纹样、几何图案、动物纹样、植物花卉图案以及材料本身的肌理图案等都可以选用。

古典纹样分为欧式古典纹样和中式古典纹样，指的是由历代沿传下来的具有民族独特艺术风格的纹样。欧式古典纹样中常见的有佩斯利纹样、朱伊纹样、大马士革纹样、莫里斯纹样等。中式古典纹样中常见的有回纹、卷草纹、梅花纹、祥云纹等。

欧式古典纹样

△ 佩斯利纹样

△ 大马士革纹样

△ 朱伊纹样

△ 莫里斯纹样

中式古典纹样

△ 卷草纹

△ 梅花纹

△ 回纹

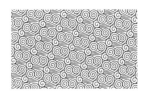

△ 祥云纹

几何图案在墙面装饰上有着广泛的应用，是现代风格的装饰特征。常见的几何图案有条纹、格纹、菱形纹样以及波普纹样等。几何图案的美学意义，首先就是和谐之美，由和谐派生出对称、连续、错觉，这四种审美既独立存在，又相互联系。

△ 格纹图案

△ 菱形图案由于其对称的特性，在视觉上给人稳定、和谐的美感

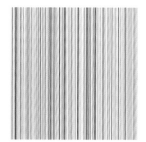

△ 条纹纹样

△ 菱形图案

△ 波普图案

△ 竖条纹图案可从视觉上提升空间的层高，适合层高不理想的房间

动物纹样在现代装饰设计中的应用较为广泛，各种兽鸟纹为墙面带来了不同的装饰效果，一方面可以表现动物与自然的和谐关系，另一方面也可以表达动物与人类的和谐关系。如昆虫与鸟类等图案，虽然小巧，但是往往可以起到画龙点睛的作用。

△ 仙鹤图案

△ 花鸟图案

△ 锦鲤图案

△ 孔雀在中国传统文化中有着吉祥如意、白头偕老和前程似锦等吉祥寓意

植物花卉图案是指以植物花卉为主要题材的图案设计。将植物花卉图案与现代墙面装饰设计相融合，在传承植物纹样传统文化的同时，也体现了现代设计中人们对自然和生态的追求。写实花卉图案、写意花卉图案、簇叶图案是几种常见的植物花卉图案类型。

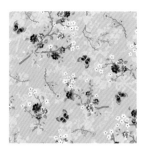

△ 写实花卉图案

△ 写意花卉图案

△ 将植物花卉图案与现代墙面装饰设计相融合，让整面背景墙成为空间的视觉焦点

△ 簇叶图案

材料肌理图案分为自然肌理图案和创造肌理图案。自然肌理图案是由大自然造就的材料自身所固有的肌理特征，如天然木材、竹藤、石材等表面没有加工所形成的肌理。创造肌理图案是指对材质表面进行雕刻、压揉等工艺处理，然后再进行排列组合而形成的纹理特征。如瓷器的结晶釉、搪瓷的花纹等，皮革加工肌理、玻璃加工肌理等。

另外像墙砖、马赛克、木饰面板等块形材料，在装饰过程中往往是通过拼合接缝组成更大的面积而产生新的构成纹理，这种也是创造肌理图案。

△ 自然肌理图案

△ 创造肌理图案

墙面图案的搭配重点

WALL SPACE
DESIGN

通过对墙面图案的选择处理，可以在视觉和心理上改变房间的空间感，能够使室内空间显得狭窄或者宽敞。墙面图案也可以改变室内的明暗度，使空间变得柔和。但是由于墙面面积太大，因此必须考虑墙面图案与室内整体感的关系，过多的重复图案会让人产生视觉疲劳，太大的图案也容易破坏整体性。

△ 墙面纹样在起到装饰作用的同时，还可以很好地调节空间氛围

△ 墙面图案需要与室内的其他软装配饰相协调，才能形成和谐的整体感

△ 墙面应用创造性的肌理图案，在丰富层次感的同时打破了大面积白色的单调感

△ 条纹图案通常会从视觉和心理上改变空间的尺寸

墙面图案不仅能吸引视线，而且它比单纯的色彩更能影响空间。但需注意，太过具象的图案会强烈地吸引人的注意力，一方面后期与其他软装饰品的搭配相对困难，另一方面作为空间的背景也过于活跃。像儿童房、厨房等空间的使用功能相对单纯，只要选对居住者喜欢的主题就好了，即使图案相对显眼也无所谓。

一般来说，凡是与室内家具协调的图案都可以用在墙面上，这样可以达到室内的整体性。但是有时在设计中也可以大胆采用趣味性强的图案，以产生强烈的个性展示，既可以形成室内空间的视觉中心，又可以给人留下深刻印象。

△ 儿童房的墙面纹样通常以满足小主人的兴趣爱好为目的，充满童趣感

△ 趣味性很强的墙面图案往往容易成为空间的视觉中心

如果要在墙面上运用图案，要考虑设计的比例。一般而言，色彩鲜明的大花图案，可以使墙面距离感向前提，或者使墙面缩小，会让房间看上去更小；色彩淡雅的小花图案，可以使墙面距离感向后退，或者使墙面扩展，使房间显得更加宽敞。在小房间里使用大型图案一定要多加小心，因为大型图案的效果很强，容易使空间显得更小。相反的，如果在面积很大的墙面上采用细小的图案，远距离观看时，就像难看的污渍。图案的尺寸与空间大小一定要比例协调，同时还要考虑带有图案的墙面前放置家具的数量以及这些家具会不会把图案遮挡过多，如果是这样，不如考虑使用一个颜色。

△ 色彩鲜明的大花图案使房间显得更小

△ 床头墙上的图案要注意床靠背对其的遮挡，在装饰前应计算好合理的高度

△ 色彩淡雅的小花图案使房间显得更加宽敞

墙面装饰纹样与室内装饰风格息息相关。现代风格空间的墙面除了三角形、菱形、多边形等几何纹样之外，条纹纹样也较为常见；碎花纹样呈现出小清新的气氛，它也是田园风格墙面的主要元素；无论是浪漫的韩式田园风格，还是复古的欧式田园风格，碎花图案的墙纸是常见的墙面材料；中式风格墙面常见中式花鸟纹样，集形式美与内在美于一身，纹样中所出现的并蒂莲、连理枝、蝶恋花等元素，象征着幸福美满之意。又如喜鹊纹样和梅花纹样的结合，取谐音代表喜上眉梢的寓意。总体来说，中式花鸟纹样象征着幸福美满、家庭和睦、欣欣向荣之意。

△ 中式风格墙面图案

△ 美式田园风格墙面图案

△ 现代风格墙面图案

WALL SPACE
DESIGN

墙面装饰材料
的应用

　　在选择墙面材料时，要充分考虑材料与室内
其他界面的统一，让墙面与整个空间形成融洽
的搭配，并带来一定的装饰效果。墙面装饰材
料有很多，除了各项性能、环保、耐用的理性
考量之外，美观度也是搭配墙面材料时所要参
考的标准之一。选择时可根据整体设计风格以
及各个功能区的环境特点等因素进行考虑。

墙纸

墙纸是一种常见的用于铺贴墙面的室内装饰材料，其材质不局限于纸，也包含其他材料，如塑料、布艺、金属等。墙纸的纹样、花色极其丰富，因此，可以根据自己的审美观挑选最为合适的墙纸。由于墙纸不同的纹理、色彩、图案都会形成不同的视觉效果，因此还要结合房间层高、居室采光条件以及户型大小等因素来选择合适的墙纸。

纸质墙纸是一种用纸浆制成的墙纸，这种墙纸由于使用纯天然纸浆纤维，透气性好，并且吸水吸潮，是一种环保低碳的装饰材料。纸质墙纸可分为纸质纯纸墙纸、胶面纯纸墙纸、金属类纯纸墙纸、天然材质类纯纸墙纸和无纺布纯纸墙纸等。

△ 纸质纯纸墙纸

△ 胶面纯纸墙纸

△ 金属类纯纸墙纸

△ 天然材质类纯纸墙纸

墙纸有花纹墙纸和素色墙纸两种，花纹墙纸一般是用在沙发背景墙、电视墙和床头背景墙等重点部位，其他墙面用素色墙纸。在使用时，注意素色墙纸的颜色一定要从花纹墙纸的颜色里面选取，这样整个空间就没有违和感，非常自然。

手绘墙纸是指绘制在各类不同材质上的绘画墙纸，也可以理解为绘制在墙纸、墙布、金银箔等各类软材质上的大幅装饰画。可作为手绘墙纸的材质主要有真丝、金箔、银箔、草编、竹质、纯纸等。其绘画风格一般可分为工笔、写意、抽象、重彩、水墨等。手绘墙纸颠覆了只能在墙面上绘画的概念，而且更富装饰性，能让室内空间呈现出焕然一新的视觉效果。

△ 真丝手绘墙纸

△ 银箔手绘墙纸

△ 纯纸手绘墙纸

△ 金箔手绘墙纸

软包
WALL SPACE
DESIGN

软包是室内墙面常用的一种装饰材料，其表层分为布艺和皮革两种材质，可根据实际需求进行选择。软包能够柔和空间氛围，提升室内生活的舒适度以及时尚感。此外，软包还具有隔声阻燃、防潮防湿、防霉菌、防油污、防灰尘、防静电、防碰撞等多种优点。

在室内设计中，软包的运用非常广泛，对区域的限定也较小，如卧室床头背景墙、客厅沙发背景墙以及电视背景墙等。由于软包在施工完成后清洁起来比较麻烦，因此必须选择耐脏、防尘性良好的材料。此外，对软包面料及填塞材质的环保标准，也需要进行严格的把关。

△ 沙发背景墙软包应用

△ 客厅电视墙软包应用

△ 餐厅背景墙软包应用

皮质软包一般运用在床头背景墙居多，其面料可分为仿皮和真皮两种。选择仿皮面料时，最好挑选哑光且质地柔软的类型，太过坚硬的仿皮面料容易产生裂纹或者脱皮的现象。其中皮雕软包是以旋转刻刀及印花工具，利用皮革的延展性，在上面运用刻划、敲击、推拉、挤压等手法，制作出各种装饰效果。

布艺软包不仅能柔化室内空间的线条，营造温馨的格调，还能增添空间的舒适感。各种质地的柔软布料，既能降低室内的噪声，也能使人获得舒适的感觉。

对于住宅空间，软包一般是应用在沙发的背景墙、电视墙、卧室的床头等位置。在选择床头软包背景的颜色时，应避免选择纯度高的亮色，加入一点灰度，会让空间更有品质感。

△ 菱形皮质软包

△ 菱形皮质软包

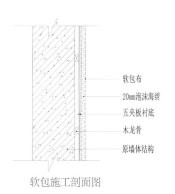

软包布
20mm泡沫海绵
五夹板衬底
木龙骨
原墙体结构

软包施工剖面图

△ 布艺软包

硬包是指将基层的木工板或高密度纤维板制成所需的造型，包裹在皮革、布艺等材料里。硬包跟软包的区别就是里面填充材料的厚度，硬包的填充物较少，在墙面上的立体线条感会更强。此外，硬包还具有超强耐磨、保养方便、防水、隔声、绿色环保等特点。

常见的硬包材质主要有真皮、海绵、绒布等，其中绒布材质因其具有清洁方便、价格低、易更换等优点，因此使用较为广泛。采用硬包作为墙面装饰时，要考虑到相邻材质间的收口问题。收口材料可以根据不同的风格以及自身的喜好进行选择，常用的有石材、不锈钢、画框线、木饰面、挂镜线、木线条等。

△ 刺绣硬包

@ TRD 中合深美设计

@ GNU 金秋设计

△ 浮雕硬包

@ 万客设计

△ 绒布硬包

△ 丙烯颜料

　　墙绘是指以绘制、雕塑或其他造型手段在天然或人工墙面上绘制的画，又称为墙画或墙体彩绘。与墙纸相比，墙绘比较随性、富有变化，而且经过涂鸦和创作可以令原本的墙面更具个性化的美感。

　　目前常见的墙绘材料有水粉、丙烯、油画颜料，从这三种颜料的性能来看，丙烯颜料最好，最适合用作墙体绘画的。而且无毒、无味、无辐射，十分环保。此外丙烯颜料还不易变色，能让绘画效果保持长久不变，干燥后其表面会形成一层胶膜，看起来和塑料差不多，因此也具有一定的防水防潮性。

　　设计前，一般先根据装饰风格选择图案，然后在刷好乳胶漆的墙面上进行绘制，墙面的找平、刷底漆、图案规划等工作都要事先进行准备。由于墙绘能够带来生动活泼的装饰效果，因此非常适合运用在儿童房的墙面设计中，能完美地增添童真童趣的空间氛围。

墙布

WALL SPACE
DESIGN

墙布也叫纺织墙纸，主要以丝、羊毛、棉、麻等纤维织成。由于花纹都是平织上去的，给人一种立体的真实感，摸上去也很有质感。墙布可满足多样性的审美要求与时尚需求，因此也被称之为墙上的时装，具有艺术与工艺附加值。墙布和墙纸通常都是由基层和面层组成，墙纸的基底是纸基，面层有纸面和胶面；墙布则是以纱布为基底，面层以 PVC 压花制成。

墙布表面材料丰富多样，或丝绸，或化纤，或纯棉，或布革，有单一材料编制而成的，也有几种材料符合编制而成的，因此市场上对墙布的分类多种多样。按材料可分为纱线墙布、织布类墙布、植绒墙布和功能类墙布等。其中织布类墙布又可分为平织墙布、提花墙布、无纺墙布及刺绣墙布等类型。

墙布的种类繁多，不同质地、花纹、颜色的墙布在不同的房间与不同的家具搭配，都能带来不一样的装饰效果。在搭配墙布时，既可选择一种样式的铺装以体现统一的装饰风格，也可以根据不同功能区的特点及使用需求选择相应款式的墙布，以达到最美观的装饰效果。

△ 植绒墙布

△ 纱线墙布

织布类墙布

△ 平织墙布

△ 提花墙布

△ 无纺墙布

△ 刺绣墙布

在室内墙面装饰中，镜面材料的装点及运用不仅能张扬个性，而且能体现出一种具有时代感的装饰美学。因此，在众多设计理念融合发展以后，越来越多的家居开始使用镜面元素装饰墙面。

在墙面上运用镜面材质，不仅能够利用光的折射作用增加空间采光，更能起到延伸视觉空间的作用。需要注意的是，在设计的时候不能将镜面对着光线入口处，以免产生眩光。如果在室内空间的墙面安装镜面，应使用其他材料进行收口处理，以增强安全性和美观度。

车边镜是指将镜面的周围按照一定的宽度，车削适当坡度的斜边，使其看起来具有立体感以及凸显精细质感，同时这样的镜面边缘处理也是为了增加安全性，不容易划伤人，一定程度上增加了镜面装饰的安全性。

△ 大块镜面有效扩大视觉空间

△ 车边镜显得更加立体

墙面铺贴大块的镜面可以带来很好的视觉调节作用。需要注意的是，镜面的高度尽量不要超过 2.4m，因为常规镜子的长度一般在 2.4m 以内，高于这个尺寸的镜面通常需要定制，而且也不太容易搬上楼，后期的搬运和安装存在一定的风险，且安装也相对比较麻烦。

虽然镜面材质很硬，但是却可以通过电脑雕刻出各种形状和花纹，因此可以根据自己的需要进行图案定制。此外，镜面的色彩也很丰富，可根据色卡进行选择，通常有茶镜、灰镜、黑镜、银镜、彩镜等。

△ 彩镜

△ 灰镜

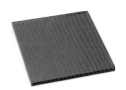

△ 茶镜

△ 银镜

△ 黑镜

△ 家居空间使用镜面的高度建议尽量不要超过 2.4m

玻璃

WALL SPACE
DESIGN

玻璃是非晶无机非金属材料，一般是用多种无机矿物，如石英砂、硼砂、硼酸、重晶石、碳酸钡、石灰石、长石、纯碱等为主要原料，再加入少量辅助原料制成的。此外，还有混入了某些金属的氧化物或者盐类而显现出颜色的有色玻璃，以及通过物理或化学方法制作而成的钢化玻璃等。常见的玻璃类型有艺术玻璃、玻璃砖、夹层玻璃、烤漆玻璃等。

△ 艺术玻璃

△ 玻璃砖

△ 夹层玻璃

△ 烤漆玻璃

玻璃是室内装饰中透光性较好的材料，其呈现出晶莹剔透的质感，显著提升了室内空间的格调。玻璃装饰墙面可以考虑不用广告钉，直接用胶粘就可以，但是基础底面一定要平整，最好用多层板或者高密度板先打底。施工时一定要计算好拼缝的位置，最好能巧妙地把接缝处理在造型的边缘或者交接处。艺术玻璃多为立体，因此在安装时留框的空间要比一般玻璃略大一些，安装时才会贴合更密切，以达到较好的视觉效果。

△ 玻璃装饰墙面

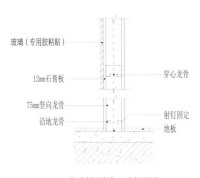

玻璃墙面施工剖面图

如果将玻璃作为室内空间的隔断墙，既能分隔空间，而且不会阻碍光线在室内的传播，因此也在一定程度上改善了部分户型的采光缺陷，增强了室内空间的通透感。需要注意的是，由于玻璃材质的反光特性，所以要充分考虑安装玻璃隔断的位置会不会造成光源与视线的冲突。

△ 玻璃隔断

搁板是置于柜内或固定在墙面上用以安放物品的构件。放置装饰品和书籍是搁板最为常见的用途，客厅、卧室的墙面都可以使用搁板来作为展示空间，把装饰摆件、家人的照片、植物盆栽、装饰画甚至自己亲手制作的手工艺品摆放在上面，在增加空间层次感的同时，更具装饰效果。

搁板的材质有很多种，其中以原木为基材的搁板较为常见。此外，还有玻璃、铁艺、不锈钢、亮面烤漆等材质的搁板。挑选搁板的过程中，要先对搁板的五金部件和自身材料做出鉴别，这些因素决定着搁板最终的重量承载能力。其次要充分考虑到空间装饰的具体风格以及家具摆放的位置，对需要什么样风格的搁板要有初步的认识。通常直线条的搁板显得简洁大气，造型曲折多变的搁板显得富有个性。

△ 铁艺搁板

△ 玻璃搁板

△ 原木搁板

△ 曲折造型搁板

△ 直线搁板

搁板在安装之前要先进行规划，如量好墙面和搁板对应的尺寸，对墙体以及钻孔的位置进行测量找出相对应的点位等。如果搁板自重过大或后期放置物品过重，则需要在施工过程中做预埋件以增加承重能力。此外，搁板最好安装在承重墙上，新建的轻体砖非承重墙也可直接安装，如果是轻钢龙骨的轻体墙，则需要加设衬板支撑再安装搁板。由于空心砖和泡沫砖的墙体承重能力较差，因此不宜在其上安装搁板。

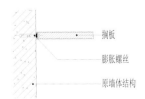

搁板

膨胀螺丝

原墙体结构

搁板施工剖面图

文化石
WALL SPACE
DESIGN

文化石不是专指某一种石材，而是对一类能够体现独特空间风格饰面石材的统称。文化石本身也不包含任何文化含义，而是利用其原始的色泽纹路，展示出石材的内涵与艺术魅力。与自然石材相比，文化石的重量轻了三分之一，可像铺瓷砖一样来施工，而且价格相对要经济实惠很多，只有原石的一半左右。天然的文化石从材质上可分为沉积砂岩和硬质板岩，而人造文化石则是以水泥、沙子、陶粒等无机颜料，经过专业加工以及特殊的蒸养工艺制作而成。

文化石按外观可分成很多种，如砖石、木纹石、鹅卵石、石材碎片、洞石、层岩石等，只要想得到的石材种类，几乎都有相对应的文化石，甚至还可仿木头年轮的质感。

△ 仿砖石

△ 蘑菇石

△ 层岩石

△ 城堡石

文化石背景墙在铺贴前，应先在地面摆设一下预期的造型，调整整体的均衡性和美观性，例如小块的石头要放在大块的石头旁边，每块石材之间颜色搭配要均衡等。如有需要，还可以提前将文化石切割成所需要的样式，以达到最佳的装饰效果。

△ 铺贴前先在地面摆设一下预期的造型

大理石

大理石是地壳中的岩石在高温高压的作用下形成的变质岩，其表面纹理清晰细腻，亮丽清新，而且每一块大理石表面的纹理都不尽相同，因此有着其他建筑石材无法达到的装饰效果。大理石在室内设计中不仅可以做台面，也可以作为的墙面背景材料。

大理石根据其表面的颜色，大致可分为白色系大理石、米色系大理石、灰色系大理石、黄色系大理石、绿色系大理石、红色系大理石、咖啡色大理石、黑色系大理石八个系列。

△ 啡网纹大理石

△ 爵士白大理石

△ 莎安娜米黄大理石

△ 大花绿大理石

△ 紫罗红大理石

△ 黑白根大理石

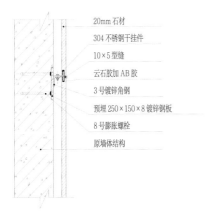

20mm 石材
304 不锈钢干挂件
10×5 型缝
云石胶加 AB 胶
3 号镀锌角钢
预埋 250×150×8 镀锌钢板
8 号膨胀螺栓
原墙体结构

大理石施工剖面图

天然大理石具有独特的自然纹理与天然美感，并且表面很光亮，而人造大理石表面虽然也比较光滑，但一般达不到像天然大理石一样光亮照人的程度。但人造大理石的表面一般都进行过封釉处理，所以平时不需要太多的保养，表面抗氧化的时间也很长。因为人造大理石的花纹大多数都是相同的，所以在施工的时候可以采取抽缝铺贴的方式。

大理石上墙一般有两种施工方式，一种是湿铺，即利用水泥砂浆或者黏结剂以及胶水，直接将大理石铺设在墙面上；另一种是采用干挂的形式来铺设。由于大理石很脆弱，因此在施工时要避免硬物磕碰，以免出现凹坑影响美观。

微晶石

WALL SPACE
 DESIGN

　　微晶石是在高温作用下，经过特殊加工烧制而成的石材。具有天然石材无法比拟的优势，例如内部结构均匀，抗压性好，耐磨损，不易出现裂纹等。微晶石除了具有玉质般的质感之外，还拥有丰富的色彩，尤以水晶白、米黄、浅灰、白麻四个色系最为流行。根据原材料及制作工艺的不同，可以把微晶石分为通体微晶石、无孔微晶石及复合微晶石三类。

△ 通体微晶石

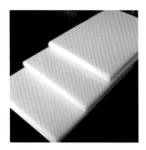

△ 无孔微晶石

△ 复合微晶石

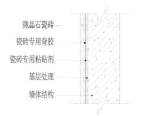

微晶石瓷砖 ────
瓷砖专用背胶 ────
瓷砖专用粘贴剂 ────
基层处理 ────
墙体结构 ────

微晶石施工剖面图

微晶石的图案、风格非常丰富，因此施工时，其型号、色号和批次等要一致。铺贴造型一般采用简约的横竖对缝法，建议绘制分割图纸结合现场预演铺贴，以找到最合适的铺贴方案再进行施工。由于微晶石瓷砖比较重，如果是大尺寸的规格，直接使用一般方法铺贴上墙，可能会容易从墙上掉下来。因此，建议调制混合胶浆（如使用 AB 胶 + 玻璃胶 / 云石胶混合）进行铺贴。

乳胶漆

乳胶漆是以合成树脂乳液为基料，通过研磨并加入各种助剂精制而成的涂料，也称乳胶涂料。乳胶漆有着传统墙面涂料所不具备的优点，如易于涂刷、覆盖性强、干燥迅速、漆膜耐水、易清洗等。由于乳胶漆具有品种多样、适用面广、对环境污染小以及装饰效果好等特点，是目前使用最为广泛的墙面装饰材料之一。

根据适用环境的不同，乳胶漆可分为内墙乳胶漆和外墙乳胶漆；根据装饰的光泽效果分为无光、哑光、丝光和亮光等类型；根据产品特性的不同分为水溶性内墙乳胶漆、水溶性涂料、通用型乳胶漆、抗污乳胶漆、抗菌乳胶漆、叔碳漆、无码漆等。

△ 丝光漆

△ 哑光漆

设计时应根据房间的不同功能选择相应特点的乳胶漆。如挑高区域及不利于翻新区域，建议用耐黄病的优质乳胶漆产品；卫浴间、地下室最好选择耐真菌性较好的乳胶漆；而厨房、浴室可以选用防水涂料。除此之外，选择具有一定弹性的乳胶漆，有利于覆盖裂纹、保护墙面的装饰效果。

△ 卫浴间墙面应选择防水乳胶漆

很多人以为色卡上涂料的颜色会和刷上墙后的颜色完全一致，其实这是一个误区。由于光线反射以及漫反射等原因，房间四面墙都涂上漆后，墙面颜色看起来会比色卡上略深。因此在色卡上选色时，建议挑选浅一号的颜色，这样才能达到预期想要的效果。如果喜欢深色墙面，可以与所选色卡颜色调成一致。

△ 选择乳胶漆应选择比色卡浅一号的色号，才能达到预期效果

硅藻泥

硅藻泥是一种以硅藻土为主要原材料的内墙装饰涂料，其主要成分为蛋白石，质地轻柔、多孔，本身纯天然，没有任何的污染以及添加剂。不仅如此，硅藻泥还具有很好的装饰性能，是替代墙纸和乳胶漆的新一代室内装饰材料。

硅藻泥分液状涂料和浆状涂料两种，液状的涂料与一般的水性漆相同，可自行处理。浆状的硅藻泥有黏性，适合做不同的造型，但是施工的难度较高，需要专业人员来进行。

@ 橙果创意国际设计

硅藻泥按照涂层表面的装饰效果和工艺可以分为质感型、肌理型、艺术型和印花型等。质感型采用添加一定级配的粗骨料，抹平形成较为粗糙的质感表面；肌理型是用特殊的工具制作成一定的肌理图案，如布纹、祥云等；艺术型是用细质硅藻泥找平基底，制作出图案、文字、花草等模板，在基底上再用不同颜色的细质硅藻泥做出图案；印花型是指在做好基底的基础上，采用丝网印做出各种图案和花色。硅藻泥施工纹样通常有如意、祥云、水波、拟丝、土伦、布艺、弹涂、陶艺等。

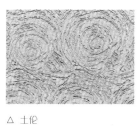

△ 土伦

△ 弹涂

△ 陶艺

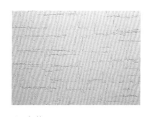

△ 布艺

△ 祥云

△ 水波

△ 拟丝

△ 如意

护墙板

护墙板主要由墙板、装饰柱、顶角线、踢脚线、腰线几部分组成，具有质轻、耐磨、抗冲击、降噪、施工简单、维护保养方便等优点，而且其装饰效果极为突出，常运用于欧式风格、美式风格等室内空间。在欧洲有着数百年历史的古堡及皇宫中，护墙板随处可见，是高档装修的必选材料。

护墙板的颜色可以根据家里大体的风格来定，以白色和褐色运用得居多，也可以根据个性需求进行颜色定制。用于制作护墙板的材质有很多种，其中以实木、密度板以及石材最为常见。此外，还有采用新型材料制作而成的集成墙板。

实木护墙板具有安装方便、可重复利用、不变形、寿命长且更具环保等优点。密度板是以木质纤维或其他植物纤维为原料，在加热加压的条件下制作而成的板材。石材护墙板一般运用在追求豪华大气的室内墙面。集成护墙板的表面不仅具有墙纸、涂料具有的色彩和图案，而且还具有强烈的立体感。

△ 实木护墙板

△ 石材护墙板

△ 集成护墙板

△ 密度板护墙板

护墙板可以做到顶，也可以做半高的形式。半高的高度应根据整个空间的层高比例来决定，一般在1~1.2m。如果觉得整面墙满铺护墙板显得压抑，还可以采用实木边框，中间用素色墙纸做成中空护墙板的形式，既美观又节省成本。同样，用乳胶漆、镜面、硅藻泥等材质都能达到很好的装饰效果。

△ 半高护墙板

△ 中空护墙板

△ 到顶护墙板

护墙板一般可分为成品和现场制作两种，室内装饰使用的护墙板一般以成品居多，价格每平方米在200元以上，价格较低的护墙板建议不要使用，会因为板材过薄容易变形，并且可能会环境污染。成品护墙板是在无尘房做油漆的，在安装的时候可能会有漆面破损，如果后期再进行补救的话，可能会有色差。现场制作的护墙板虽然容易修补，但是在漆面质感上却很难做到和成品的一样。

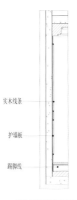

实木线条

护墙板

踢脚线

护墙板剖面图

马赛克

马赛克又称锦砖或纸皮砖，发源于古希腊，具有防滑、耐磨、不吸水、耐酸碱、抗腐蚀、色彩丰富等特点。马赛克是运用色彩变化的绝好载体，所打造出丰富的图案不仅能在视觉上带来强烈的冲击力，而且赋予了室内墙面全新的立体感，更重要的是，马赛克能根据自己的个性以及装饰需求，打造出独一无二的室内空间，也可以选择自己喜欢的图案进行个性定制。

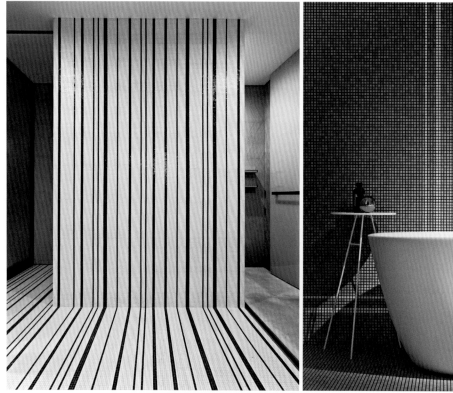

马赛克的种类十分多样，按照材质、工艺的不同，可以将其分为石材马赛克、陶瓷马赛克、贝壳马赛克、玻璃马赛克等。根据使用的材质不同，马赛克的价格差别也非常大。普通的如玻璃马赛克、陶瓷马赛克价格在每平方米几十元不等，但是同样的材质根据纹理、图形个性设计的差别，价格又有高低差异。而一些高端材质，如石材、贝壳等材料价格一般每平方米高达几百元甚至上千元不等。

空间面积的大小决定着马赛克图案的选择，通常面积较大的空间宜选择色彩跳跃的大型马赛克拼贴图案，而面积较小的空间则尽可能选择色彩淡雅的马赛克，这样可以避免小空间因出现过多颜色，而导致过于拥挤的视觉感受。

△ 玻璃马赛克

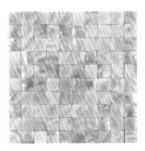

△ 贝壳马赛克

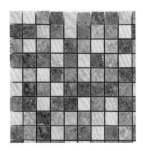

△ 陶瓷马赛克

△ 树脂马赛克

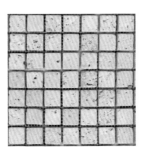

△ 石材马赛克

△ 金属马赛克

装饰线条

WALL SPACE
DESIGN

装饰线条是指突出或镶嵌在墙体上的线条，可以起到墙面装饰以及增强空间层次感的作用。装饰线条还可以与墙纸、护墙板穿插搭配，强化空间的装饰风格，让室内整体的装饰品质得到极大的提升。墙面装饰线条按材质的不同，可以分为木线条、PU线条、PVC线条、金属线条、石材线条、石膏线条等。

@ 双宝设计

在铺贴线条前，应对施工墙面进行基层检查。墙面的垂直度和平整度，一般不能超过4mm，对于基面差距过大的部位，需处理平整。此外，墙面的粉尘、污渍等影响黏结的物质须清理干净。如果使用木线条装饰墙面，可进行局部或整体设计，可以搭配的造型也十分丰富，如做成装饰框或按序密排。在墙上安装木线条时，可使用钉装法与粘合法。施工时应注意设计图样制作尺寸正确无误，弹线清晰，以保证安装位置的准确性。

△ 木线条密排造型

除了利用线条进行收口之外，用线条装饰框作为墙面装饰是较为常用的手法。框架的大小可以根据墙面的尺寸按比例均分。线条装饰框的款式有很多种，造型纷繁的复杂款式可以提升整个空间的奢华感，简约造型的线条框则可以让空间显得更为简单大方。

△ 线条装饰框

木饰面板

　　木饰面板是将木材切成一定厚度的薄片，黏附于胶合板表面，然后经过热压处理而
成的墙面装饰材料。常见的木饰面板分为人造木饰面板和天然木饰面板，人造饰面板纹
理通直且图案有规则，而天然木饰面板图案纹理自然、无规则，且变异性比较大。

木饰面板不仅有多种木纹理和颜色，而且还有哑光、半哑光和高光之分。在上墙时纹理方向要一致，最好是竖向铺贴，一方面不会出现大的色差，另一方面可以让整个块面看起来纵深感十足。如果是清漆罩面，可以通过加调色剂来改变颜色。也可以采用成品定制木饰面，以避免因在现场刷油漆而造成异味。但成品定制木饰面对施工工艺要求较高，因为裁切和斗角都是一次性成型。

铺贴木饰面板时，应提前考虑到室内后期软装饰的颜色、材质等因素，通过综合比较后再进行铺贴。为了防止不变形，首先基层上要用木工板或者九厘板做平整，表面的处理尽量精细，不要有明显钉眼。

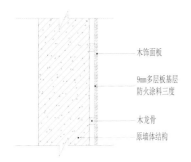

木饰面板
9mm多层板基层
防火涂料三度

木龙骨
原墙体结构

木饰面板施工剖面图

@ 龙黴设计

@ 辰佑设计

常见风格墙面
的设计重点

　　在室内空间中，墙面的创意设计不能轻视，而且不同风格的家居墙面，在装饰手法以及效果呈现上都有所不同。由于在室内视觉范围中，墙面和人的视线垂直，处于最为明显的位置，同时墙体是人们经常接触的部位。因此，在进行墙面装饰时，除了要注重空间风格的表达，还要充分考虑墙面与室内其他界面的统一，让室内空间显得更加完整统一。

© 梁建国 & 蔡文齐

现代风格墙面设计

WALL SPACE
DESIGN

现代风格分为波普风格、后现代风格、港式轻奢风格、现代简约风格等。现代风格的室内空间墙面通常不会过于强调材质肌理的表现，而是更注重几何形体和艺术印象。从传统的材料扩大到了玻璃、金属以及合成材料等，并且非常注重环保，将这些材料有机地搭配在一起，营造出一种传统与时尚相结合的现代空间氛围。

隐形门设计

在现代风格的空间中，经常会碰到无法移位的门洞出现在主背景墙面上，隐形门的设计就能很好地处理这种问题。设计时可以将隐形门跟背景融为一体，利用墙纸、同色油漆、书架等进行伪装，既能让主背景墙面形成一个完整的视觉效果，同时也保留了空间结构，可谓一举两得。需要注意的是，在后期的制作安装阶段，应计算好墙面内外的尺寸以及平整度。

△ 隐形门的开启示意

△ 隐形门的色彩、材质与墙面形成一体，使得小空间形成很好的整体感

△ 隐形门适用在有门洞的主背景墙上，保证墙面的完整性

墙纸的选择应用

现代风格家居在选择墙纸时，应考虑到其整体空间的装饰风格。选择具有创意图案、风格大方的墙纸更有利于烘托出空间中舒适大方的现代感。也可以选择一些局部深色的现代简约墙纸做点缀。比如黑白色的搭配，也是色彩搭配中的经典，虽然简单却极具现代艺术气息。选择使用条纹墙纸装饰，也能很好地衬托出现代风格独特的空间魅力。同时，简单的线条如同艺术音符带来的美妙旋律，让空间呈现出优雅大方的现代感。

△ 条纹墙纸在装饰的同时还可巧妙改变空间层高偏低的缺陷

△ 现代生活场景图案的墙纸增加空间的时尚艺术气息

△ 创意抽象图案的墙纸注重与整体色彩的搭配

仿石材墙砖的应用

　　仿石材墙砖是现代风格电视墙的常用材料，它没有天然石材的放射性污染，而且灵活的人工配色，避免了天然石材所存在的色差问题，对石材纹理的把控让每一块仿石材砖之间的拼接更加自然。由于仿石材墙砖避免了天然石材存在的缺点，因此在运用时的随意性更大，搭配也更为灵活。

△ 仿石材墙砖铺贴的电视墙既有天然石材的纹理，同时避免了放射性污染

△ 利用仿石墙砖拼贴成一面富有视觉冲击力的背景墙

△ 相比于其他普通墙砖，仿石墙砖在花色的强调、图案的制作及印制上更为讲究

水泥墙的独特质感

　　许多追求个性的室内空间为了制造出与众不同的氛围，往往会用水泥墙制造视觉冲击感。把水泥墙用在家里也是体现个性的一种方式，越是粗糙斑驳，越是张扬有型。

△ 水泥墙与生俱来的粗粝质感，诠释着简洁利落的艺术美学

△ 水泥墙施工方便，搭配上高质感家具便能呈现出朴实无华的生活气息

△ 粗犷的水泥墙带有工业原始的质感

金属线条增加轻奢感

金属线条常见的颜色有银色、玫瑰金、香槟金、黑钢、钛金、古铜颜色等。根据整体风格的需求及搭配效果，不同色彩的金属装饰线条，能为室内空间带来不同的装饰效果。在偏轻奢感的现代风格空间中，如果将金属线条镶嵌在墙面之上，不仅能衬托空间内强烈的现代感，而且还可以突出墙面的竖向线条，增加墙面的立体效果，独特的金属质感能给现代风格的家居空间加分不少。

△ 墙面运用金色线条勾勒出简洁利落的流线美感，给人独特的视觉感受

△ 在现代轻奢风格的空间中，金属线条是不可或缺的装饰元素之一

△ 金属线条融入墙面造型中，在视觉上表现出极强的艺术张力

镜面和玻璃材质延伸空间感

镜面和玻璃材质是现代风格墙面常见的装饰材料，这两种材质本身具有通透的明亮感，使得整个视觉空间都被扩展了，给人以一种宽敞通透的舒适感受，在提升空间优雅品质的同时，也将现代风格空间独有的美感表现出来。

设计时，如果在墙体表面设置镜面，需要搭配其他材料进行收口处理，用玻璃材料装饰墙面一定要计算好拼缝的位置，最好能巧妙地把接缝处理在造型的边缘或者交接处。

△ 茶镜十分适合现代轻奢风格的室内空间

△ 采用玻璃代替部分墙体，扩大室内的空间感

△ 黑镜与白色护墙板形成鲜明的视觉反差

马赛克拼花营造艺术感

马赛克拼花在现代风格的家居环境中，具有非常好的装饰效果，可以在墙面上拼出自己喜爱的背景图案，让整个空间充满时尚与个性的气质。马赛克拼花是采用不同的马赛克按照图案拼成不同的马赛克拼图。这种拼图是运用抽象的艺术表达方式，利用图片的像素点，将图中的每一个色彩点都用马赛克拼接出来，应用在墙面上起到很好的装饰效果。

△ 马赛克拼花艺术

△ 大幅马赛克拼花的墙面带来令人震撼的视觉效果

△ 卫浴间中的马赛克拼花主题墙

△ 马赛克拼花的背景墙赋予空间全新的立体感

△ 几何纹样的马赛克拼花造型

△ 马赛克拼花形成的斑马图案是空间中的视觉焦点

乡村风格墙面设计

WALL SPACE
DESIGN

乡村风格是一种以回归自然为主题的室内装饰风格，其最大的特点就是朴实、亲切、自然。乡村风格空间设计常利用带有一定程度的田园生活或乡间艺术特色，营造出自然休闲的家居氛围，因此在墙面装饰的材料上崇尚自然元素而且不做精雕细刻，常运用天然木、石、藤、竹等材质质朴的纹理装点空间。

壁炉造型的设计

在乡村风格的室内空间中，可常见石膏壁炉或石材堆砌的壁炉。由于壁炉上是否要挂电视机决定了壁炉的大小，因此，应先确定好电视机尺寸，避免做好后放不进电视机的情况。

此外，乡村风格家居中常见壁炉造型的设计作为墙面装饰的一部分，这种壁炉的造型一般是采用石膏板现场制作，木龙骨做基架，石膏板封面；壁炉底部可用红砖堆砌，给整个空间增加一份朴实、自然的气息。此外，壁炉在做完基础后，其表面要刷清漆处理，以便于清洁打理。

△ 现代乡村风格的空间中常见纯装饰性的壁炉造型

△ 乡村风格室内中的壁炉以简洁、贴近自然的设计为原则

△ 石材堆砌而成的壁炉外型让空间内充满古典原始感

偏自然色的乳胶漆

　　乡村风格的墙面一般会使用偏自然色的乳胶漆，尤其偏爱暖色调的乳胶漆，其亲近自然的色调，不仅可以为室内空间营造清新舒适的感觉，而且自然色的墙面也容易跟家具形成搭配。比如在墙面涂刷棕色、土黄色的乳胶漆可以营造出自然清新的田园气息，同时还能提升室内空间的舒适度。此外，为墙面涂以土黄色乳胶漆的乡村风格家居，搭配一些黑漆铁艺的工艺品、家具等元素，还能增添空间的时尚感。

△ 在现代美式风格空间中，灰蓝色墙面出现的频率很高

△ 土黄色的乳胶漆搭配白色护墙板营造出自然清新的田园气息

△ 墙面运用与泥土相近的颜色，呼应做旧的铁艺床与原木吊顶

乡村风格常选用天然石材等自然材质，体现着对自然家居及生活方式的追崇。由于天然石材源于自然，每一块石材的花纹、色泽特征往往都会有差异，因此必须通过拼花使花纹、色泽逐步延伸、过渡，从而做到石材整体的颜色、花纹呈现出和谐自然的装饰品质。

天然石材在施工之前最好先在地面上拼出所需要的图案，把纹理差别比较大的挑出来。此外，不要直接用砂浆把石材铺贴到墙面，可以采取干挂的方式，或者在墙面加一层木工板然后用胶粘的方式来铺贴，以此来减少墙体自然开裂对石材造成的损坏。

△ 挑高的墙面铺贴质感粗犷自然的天然石材，与原木色三角梁吊顶形成呼应

△ 粗糙的石材带来一种与生俱来的淳朴和乡村格调，对称堆砌的造型成为空间的视觉中心

△ 斑驳的墙面营造出宛如旧照片的怀旧气息，让人在质朴中感受个性与艺术

裸露的砖墙设计

　　裸露的砖墙是乡村风格中极具视觉冲击力的墙面展示，将原本应该暴露在室外的简陋墙面引用到室内，赋予了乡村风格家居不加修饰的自然感。相对于常见的室内墙面，砖墙有着质地粗糙、光线反射率低的特点，其表现出来的气质，让乡村风格的空间富有更真实、更纯粹的魅力。如果能为砖墙搭配适当的挂画作为装饰，不仅可以起到软化空间的作用，而且能让其成为空间里亮眼的点缀。

△ 厨房中的文化石墙面给人质朴自然的感觉

△ 裸露的砖墙体现着对自然的室内风格及生活方式的追崇

△ 裸露的砖墙具有不加修饰的自然感

碎花墙纸的应用

　　碎花墙纸一般由有序的小花图案组成，纷繁而不凌乱，能够为家居空间营造出淡雅、舒适的感觉。而且相比纯色墙面或者是更为简单的白墙，碎花墙纸可以给室内装饰带来更为清新的效果，因此常被作为乡村风格的墙面装饰元素。其设计形式也多种多样，可以搭配白色或者米色的墙裙进行设计，也可以与窗帘及布艺织物形成统一的设计效果。

△ 碎花图案适合表现田园小清新的空间气质

△ 柔和素雅的碎花墙纸，排列有序的花朵图案，营造初春般的自然气息

△ 碎花图案是田园乡村风格最常见的墙面装饰元素之一

护墙板的装饰

　　乡村风格的空间通常会使用护墙板和墙裙来装饰墙面。不仅装饰效果很强，还能很好地起到保护墙面的作用。

　　乡村风格护墙板的材质一般有两种，一种是实木，另一种是高密度板。业主一般都会选择定做成品的免漆护墙板，这样会相对环保一些，而且整体效果更好。需要注意的是，在安装护墙板之前，应先在墙面上用木工板或九厘板做基层处理，这样才能保证墙面的平整性及牢固性，然后再把定制的护墙板安装上去。

△ 满墙的实木护墙板展示出美式乡村风格独有的魅力

△ 现代美式风格的护墙板形式相对简洁，边框内的部分常以墙纸或乳胶漆等材料代替

△ 墙裙造型在美式乡村风格中，通常不用来设计电视背景墙和床头背景墙

中式风格墙面设计

WALL SPACE
DESIGN

中式古典风格以传统风格元素为载体，将古典文化的符号融合到现代家居空间之中。在墙面装饰上，多用对称设计的手法，再搭配沉稳的深色营造古朴的氛围。

现代中式风格是指利用新材料、新形式对传统文化的一种演绎。在墙面装饰中，通常将古典语言以现代手法进行诠释，融入现代元素。在墙面材料上，选择使用木材、石材、丝纱织物的同时，还会运用玻璃、金属、墙纸等工业化材料。

传统吉祥图案的应用

　　传统吉祥图案在中式风格的装饰艺术中，是极具魅力的一部分，因此常作为艺术设计的元素，被广泛地应用于室内装饰设计中。如使用回纹纹样的装饰线条装点墙面空间，不仅大方稳重还能让家居空间更具古典文化的韵味。

△　万字纹纹样

△　回纹纹样

△　花开富贵是中国传统吉祥图案之一

△　松柏纹样寓意长寿

新中式风格常见的墙面图案

◆ 抽象墨迹图案

以水墨为笔触，描绘出的抽象墨迹，色彩或浓或淡，深浅过渡自然，如云如雾如炊烟，灵动飘逸，淡泊悠远，非常符合现代人的审美。"看庭前花开花落，看天上云卷云舒"，这份悠然与闲适，正是久居都市的人们所追求的。

◆ 山水风景图案

水墨画体现了中式传统文化的精髓，展现出中华民族独有的文化特色和艺术高度，而水墨画里最具代表性的当属水墨泼就的山水画。除了单纯的水墨山水，略施薄彩也会起到不一样的效果。当山峦被赋予色彩之后，整体氛围会更贴近自然。

◆ 花鸟虫鱼图案

花鸟画历来都是经久不衰的绘画题材，自然风物，美好而鲜活，深得人们喜爱。中国风的花鸟画，也有自己独特的审美和画法，常见的有喜上眉梢、花开富贵等题材，应用在新中式风格的墙面装饰上，寓意美好与富贵。

◆ 梅、兰、竹、菊图案

梅、兰、竹、菊被历代文人歌颂与描绘，梅一身傲骨，兰孤芳自赏，竹潇洒一生，菊凌霜自放，被称为花中四君子。把梅、兰、竹、菊作为墙面装饰的题材，不仅是颜值所致，更是寓意高贵，其中又以梅和竹的题材应用更加广泛。

留白手法的应用

在中式风格家居的墙面上设计大面积的留白，不仅体现出了中式美学的精髓，而且还透露出中式设计的淡雅与自信。此外，留白也是传统国画中的精髓，给人留下遐想的余地。将留白手法运用在新中式家居的墙面设计中，可减少空间的压抑感，并将观者的视线顺利转移到被留白包围的元素上，彰显出整个空间的审美价值。

@ 千寻软装艺术

△ 留白的处理给人留下遐想的空间，更强调了艺术意境的营造

@徐树仁设计

△ 恰到好处的留白不仅可以给人审美的享受，还能构造出空灵的韵味

△ 优雅的米白色搭配原木色，尽显中式禅意之美

手绘墙纸的装饰

古典图案的手绘墙纸是中式风格墙面永远不会过时的装饰主题，常被运用在沙发背景墙、床头背景墙以及玄关区域的墙面，将传统文化的氛围融入空间里。

在绘画内容上，除了水墨山水、亭台楼阁等图案之外，还有常见花鸟图案的手绘墙纸，绘画题材以鸟类、花卉等元素为主。美好的寓意、自然的文化气息，犹如诗情画意的美感瞬间点亮整个空间。

△ 中式花鸟图案墙纸营造鸟语花香的家居氛围

△ 极具古典气息的手绘墙纸以其独特的韵味传达着中式文化底蕴

△ 蓝色水墨山水画的手绘墙纸营造出清幽宁静的氛围

木饰面板体现淡雅气质

在中式风格中，木饰面板常常运用在电视背景墙或卧室床头墙等区域，大面积铺设后，有着十分震撼的效果。选择光泽度好、纹理清晰的木饰面板作为墙面装饰，有助于突显出中式风格优雅端庄的空间特点，如酸枝木、黑檀、紫檀、沙比利、樱桃木等木饰面板都是很好的选择。

△ 浅色木饰面板作为沙发的陈设背景，给客厅增加自然温润的气质

△ 木饰面板上的花鸟图案仿佛呼之欲出，呼应了空间的中式主题

△ 大面积深色木饰面板打造出典雅与沉稳，体现中式传统文化追求古朴自然的特点

布艺硬包增加舒适感

中式风格的墙面一般会选择布艺硬包进行装饰，不仅可以增添空间的舒适感，同时视觉柔和度也更强一些。

此外，还可以选择使用刺绣硬包装饰墙面。刺绣所带来的美感，积淀了中国几千年来的文化传统，以流畅的线条勾勒花纹的外形，搭配高超的绣花技术，再经过科学的设计，不仅实用而且装饰效果大气美观。在刺绣硬包的饰面内容上，可选择花鸟图案或者富有中式特色的装饰纹样进行搭配。

△ 刺绣硬包

△ 皮雕硬包

△ 高级灰的布艺硬包作为墙面背景，形成古朴幽雅的中式美学语言

欧式风格墙面设计

WALL SPACE
DESIGN

　　欧式风格一般可分为古典欧式风格与简约欧式风格。欧式风格的墙面装饰材料选择较为多样，通常给人以端庄典雅、高贵华丽的感觉。古典欧式风格的室内色彩比较深沉，线条相对复杂，显得奢华大气。简约欧式风格虽然会保留古典欧式风格的一些元素，但更偏向简洁大方的装饰手法，在设计中融入现代元素。

欧式墙纸的装饰

　　墙纸是欧式风格墙面最为常见的装饰，其图纹样式富有古典欧式的特征，其中以大马士革纹样最为常见。简欧风格墙纸的图纹样式，通常是遵循古典欧式的元素来设计的，但没有古典欧式那种更为奢华、繁复的花纹。现在一般会选择使用偏现代风格的壁纸，整体所呈现出的感觉清新而典雅，不会过于繁冗奢华，可以给空间带来更多的现代时尚感。

△ 古典欧式墙纸纹样

△ 简约欧式墙纸纹样

车边镜的应用

车边镜是欧式风格中常见的墙面装饰，常用于客厅、餐厅、卫浴间等区域的墙面。在欧式风格中使用车边镜，可以增加家居的时尚感及灵动性，在带来装饰美感的同时，也在视觉上延伸了家居空间。

如果在电视墙上安装车边镜，应注意尽量不要安装得过低，同时建议选择颜色较深的镜面，如灰镜、茶镜、金镜等，这样既装饰了电视墙，也不会因为过强的反射效果影响到观看电视。

△ 欧式风格的餐厅空间墙面铺贴菱形镜的造型，装饰的同时扩大视觉空间感

△ 车边镜的墙面与软包顶面形成质感上的对比，让空间的装饰性更加丰富

△ 欧式风格客厅中，车边镜通常设计在壁炉上方的位置

墙面线条装饰框

欧式风格的墙面除了乳胶漆、石材、墙纸、木饰面板等材质外，常用线条做装饰框架。框架的大小应根据墙面的尺寸按比例均分。线条装饰框的款式有很多种，搭配复杂的款式可以提升整个空间的奢华感。在色彩上，墙面线条可以刷成跟墙面一样的颜色，也可以保留原线条的白色，具体应根据整个空间的色彩来定。

需要注意的是，这样的线条造型需要在水电施工前设计好精确尺寸，以免后期面板位置与线条发生冲突。

△ 白色雕花造型线条框

△ 简约造型的线条框

△ 金色雕花线条装饰框

壁炉作为墙面背景

在室内利用壁炉取暖是欧式风格家具显著的特色。壁炉的原有作用是取暖，但在现代家居设计中，则更多用于装饰，而不具备实用功能。这在一定程度上解放了壁炉的设计样式与材质，因此大理石、实木材质、砖体结构等多种类型的壁炉便应运而生。

一般情况下，壁炉以完整的墙面为背景的居多。利用墙面的拐角处设计壁炉，也能够取得意想不到的装饰效果。

△ 大理石壁炉

△ 石膏壁炉

实木护墙板的装饰

实木护墙板的质感非常真实与厚重，与欧式风格的空间气质极为搭配。实木护墙板的材质选取不同于一般的实木复合板材，常用的板材有樱桃木、花梨木、胡桃木、橡胶木。由于这些板材往往是从整块木头上直接锯下来的，因此其质感非常自然与厚重，可为欧式风格的空间营造出了自然而不平凡的气质。

简欧与新古典风格装饰更为简洁，墙面常用白色护墙板勾勒出欧式典雅的艺术美感，让墙面也成为室内空间中一道亮丽的风景。

△ 比较简洁的护墙板造型是用木质的墙板做边框，中间部分铺贴墙纸

△ 白色护墙板搭配雕花线条与罗马柱的装饰，勾勒出欧式典雅的艺术美感

△ 实木护墙板质感厚重，可给空间带来尊贵华丽的气质

软包墙面营造舒适感

软包常用于欧式风格家居的电视背景墙、沙发背景墙、卧室床头墙以及餐厅主题墙等多处空间。装饰中，通常会将软包设计成菱形或块形进行规律地排列，并在四边搭配刷金漆的实木线条或金属线条作为收口，使软包的设计更具美感。

如果采用皮质软包墙面，需要注意目前市场上绝大部分皮质面料都是 PU 制成，在选择 PU 面料的时候，最好挑选哑光且质地柔软的类型，因为太过坚硬容易产生裂纹或者脱皮现象。

△ 深色绒布软包背景墙与白色的床头形成对比，凸显纵深的立体感

家居空间墙面
设计方案

　　墙面装饰的好坏直接影响着室内空间的整体效果，所以对于墙面设计必须要有足够的重视。室内家居空间的背景墙主要有玄关背景墙、客厅电视背景墙、沙发背景墙、卧室床头墙、餐厅背景墙等。每一个空间不同的功能，也决定了背景墙在其中所起的意义，设计上自然也就有所不同。

客厅墙面设计

WALL SPACE
DESIGN

客厅墙面的设计一般分为电视墙和沙发墙两项内容。电视墙是客厅装饰的重点，影响到整个室内空间的装饰效果。沙发墙的装饰相对简单，最常见的做法是安装搁板摆设小工艺品，或根据墙面大小悬挂不同尺寸的装饰画。

△ 客厅沙发墙安装搁板摆设工艺品

如果客厅面积有限，需在沙发墙上做吊柜增加储物功能，首先应考虑柜体边缘会否撞到头；其次在直接在沙发上方定做吊柜时，选用后靠背沙发更加安全，可以避免磕碰。如果深度足够，可以在沙发与背景墙之间留有走路的通道，将整面墙都做成具有装饰功能的收纳柜。柜体可以选择较浅的色彩，融入整体墙面中。

△ 悬挂装饰画是客厅沙发墙最常见的装饰形式

挑高空间的电视墙不宜设计的过于复杂，应结合整体风格做造型。建议墙面的下半部分做的丰富一些，上半部分过渡到简洁，这样会显得比较大气，而且不会有头重脚轻的感觉。

小客厅的电视背景尽量不要占用整面墙壁，因为电视墙是进门的焦点所在，一旦占用整面墙的面积，则会显得客厅更为短小。在设计时应运用简洁、突出重点、增加空间进深的设计方法，比如选择后退感的色彩，选择统一甚至单一的材质的方法，以起到视觉上调整完善空间效果的作用。

△ 把木格栅隔断作为墙面延伸开来的一部分，解决电视墙宽度不够的弊端

△ 隔断式的电视墙造型，让客厅与餐厅两个空间彼此独立但又紧密联系

△ 简洁的造型、悬挂式电视柜与嵌入式收纳柜是小客厅电视墙设计的三大重点

△ 挑高空间的电视墙设计成一个顶天立地的隔断柜，开放式的结构也不会影响到空间的采光

将电视机嵌入到客厅墙面，能在视觉上形成统一感，而且对于小面积的客厅而言，也会更显开阔。在安装时需注意电视后盖和墙面之间至少应保持10cm左右的距离，四周一般需要留出15cm左右的空间。如果想把电视机嵌入墙面，需要提前了解电视机的尺寸，同时还要注意机架的悬挂方式，事先留出电视机背面的插座空间位置，这样才不会在安装时出现电视机嵌不进去或插座插不上的问题。

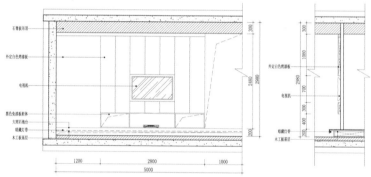

△ 电视机嵌入墙面的立面图和剖面图

△ 电视机嵌入墙面的设计给人简洁现代的视觉印象

如果客厅空间的面积较小，充分利用墙体空间的面积，制作收纳柜也不失为一个很好的方法。将收纳功能融入墙面，不仅能在小空间里展现出小中见大的效果，同时还可以提升空间的简洁感。但需要注意的是，如果是嵌入墙面的柜体设计，适合比较深一点的墙体，而且要充分考虑到墙体的承重能力，这样才能在确保安全的前提下，为客厅带来足够的收纳空间。

△ 嵌入墙面的柜体设计应充分考虑到墙体的承重能力

△ 以壁炉造型为中心对称设计的展示柜

△ 整面电视墙定制收纳柜的形式

△ 在电视墙的一侧设计书架

卧室墙面设计

WALL SPACE
DESIGN

　　卧室的墙面设计应以宁静、和谐为重点，在选择墙面装饰材料时，应充分考虑到房间的大小、光线以及家具的式样与色调等因素，使所选的装饰材料在花色、图案上与室内的环境和格调相协调。在装饰设计上可以多运用点、线、面等要素形式美的基本原则，使造型和谐统一而富于变化。

△　上下分层型床头墙面设计

△ 凸显中心型床头墙面设计

△ 单一材质型床头墙面设计

△ 前后凹凸型床头墙面设计

△ 墙顶连体型床头墙面设计

△ 块面分割型床头墙面设计

△ 壁饰主角型床头墙面设计

卧室中的墙面可分为床头墙和床尾墙两部分，其中床头墙是整个卧室空间的装饰重点。除了墙纸之外，软包和硬包是床头背景墙出现频率最高的装饰材料。这种材料无论配合墙纸还是乳胶漆，都能够营造出大气又不失温馨的就寝氛围。在设计的时候，除了要考虑好软包和硬包本身的厚度以及墙面打底的厚度外，还要处理好相邻材质之间的收口问题。

△ 灰色硬包结合金属壁饰的设计形式

△ 以灯带衬托硬包背景的设计形式

△ 增加层次感的凹凸型软包设计形式

△ 硬包与护墙板相结合的设计形式

△ 硬包与木质材料相结合的设计形式

△ 立体感极强的软包设计形式

为了体现卧室空间的装饰风格，很多人会选择在床头背景墙设计出护墙板的造型。设计时应事先确定好床的尺寸，可以在后期卧室墙面的设计和施工中避免很多不必要的麻烦，比如床头两面插座的排布一般有一些常规的高度尺寸，然而美式风格的床相对都比较高，如果还是按照常规尺寸排布的话，将来很可能会被家具挡住，那样就会影响正常使用。

△ 左右对称式护墙板造型

△ 在卧室墙面装饰半高的护墙板，应事先了解床背的高度，确保护墙板高于床背的高度

△ 床头背景运用整面护墙板的形式

如果卧室的床尾空间比较紧凑，可以选择电视机＋电视柜的组合设计，将墙面充分合理的利用起来。电视柜可以选择收纳能力较强的落地柜，也可以用造型简约的壁柜或搁板。如果床与墙面的空间允许，也可以考虑在床尾墙上安装整体式的衣柜，这样可以为卧室提供更多的收纳空间。

△ 床与墙面的距离较短，可用搁板代替电视柜的功能

△ 在床尾墙上安装整体式的衣柜

△ 电视机＋电视柜的组合设计

餐厅墙面设计

WALL SPACE
DESIGN

餐厅墙面设计的好坏，不仅会直接影响到人在用餐时的心情，而且还会影响到整体家居的设计品质。在装饰餐厅墙面时，要注意是否和其他空间相连，如果墙后面的空间是厨房或者是卧室的话，基层处理的时候最好多做一层防水，避免墙面返潮出现墙面漆料蜕皮脱落的情况。

如果餐厅和客厅相连，可把餐厅一面墙和顶面做成连贯的造型，既可以营造餐厅的氛围，也可将本来相连的客厅从顶面和立面不加隔断地巧妙划分，且不阻碍视线。在造型上，可以用出彩的乳胶漆，或者色彩图案很夸张的墙纸及其他木质、石膏板材料进行装饰，再配以一定的辅助光源，能够完美地提升空间的层次感。

△ 中性色调的餐厅背景墙适合选择色彩艳丽的装饰画活跃空间的氛围

△ 墙面与餐桌、搁架的黑白色对比显得活力十足

△ 餐厅墙面与顶面连成一体的设计

镜面是餐厅空间里十分讨巧的装饰材料。有些餐厅空间的格局较为狭小局促，如果将餐桌靠墙摆放，容易形成压迫感。这时可以选择在墙上装一面比餐桌宽度稍宽的长条形状的镜子，这样不仅能消除靠墙座位的压迫感，而且还可以增添用餐时的情趣。

如果直接将镜子铺贴在墙面上，其强烈的反射也许会给人过于直接的视觉冲击。因此，可在镜面上做适当的造型处理。例如将镜面的周围按照一定的宽度，车削适当坡度的斜边，使其看起来具有立体或套框的感觉，同时这样的镜面边缘处理也不容易伤到人，增加了镜面装饰的安全性。不仅可以有效地舒缓反射给人带来的冲击力，并且有着虚实结合的视觉效果。

△ 大块镜面的运用特别适合小户型的餐厅墙面，同时也与相连的客厅空间形成隐形的分隔

如果镜面的面积较大，在施工过程中不宜直接贴在原墙上，因为原墙的面层无法承受镜面的重量，粘贴不牢固，钉在墙面又不美观，所以一般会先在墙面打一层九厘板，再把镜面贴在九厘板上。市面上的镜面一般分为8mm和5mm的规格，高度最好保持在2400mm以下。

△ 镜面应用在餐厅背景墙，除放大视觉空间的作用之外，也有丰衣足食的美好寓意

△ 镜面与木线条间排的形式，可舒缓过于强烈的反射带来的冲击力

△ 利用镜面消除餐厅中靠墙座位的压迫感

在餐厅设计收纳柜兼具装饰与实用的功能。例如在餐厅背景墙上做整面的收纳柜，上、下做封闭收纳，既有储物功能，又可以充当展示背景。也可选择在餐厅墙面上部掏空安装搁板，下部则作为封闭的储物柜。掏空的形式不会增加空间负担，还可充当展示背景，同时又有储物功能，可谓是一举三得。

如果墙面只有少量可以掏空并且深度不足够安装一个收纳嵌入柜的话，那么可以考虑一下嵌入式书架，18~20cm 的深度已经足够，同时里层的搁板设计不需要中规中矩，随意变化更有创意。

△ 镜面材质的加入避免大体量收纳柜带来的压抑感，局部的掏空显得更有层次感

△ 嵌入墙体的大面餐边柜具有开放式展示与封闭收纳双重功能

△ 满墙的收纳柜中增加壁龛的形式，增加视觉上的变化

过道墙面设计

过道是一个相对较为狭窄封闭的功能空间，因此其墙面不宜做过多装饰和造型，以营造出一种大气宽敞的视觉感。

许多户型一开门就直对过道尽头的端景墙，因此这面墙是人们最先看到的风景。通常会在端景墙的前方摆放用来放置物品的台子形成端景台，其主要作用就是给过道造景。在端景台上摆放一些花瓶、台灯、装饰画或其他摆件。

△ 装饰型过道端景

△ 收纳型过道端景

△ 装饰型过道端景

△ 工业风格过道端景设计方案

△ 轻奢风格过道端景设计方案

△ 法式风格过道端景设计方案

△ 新中式风格过道端景设计方案

如果家里有小孩，不妨把过道的大白墙改成黑板墙，给孩子创造一个发挥绘画能力的小空间。而且相比大白墙，黑板墙的装饰效果充满童趣。

在过道的一侧墙面上安装镜面，既美观又可以提升空间感与明亮度，最重要的是能缓解狭长形过道带给人的不适与局促感。需要注意的是，过道中的镜面宜选择大块面的造型，横竖均可，面积太小的镜面起不到扩大空间的效果。

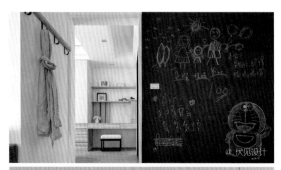

△ 大面积的黑板墙描绘了轻松快乐的画面，显得活泼有趣

△ 过道墙上大块面的车边镜提升空间感与明亮度

实用性是过道墙面设计的重中之重。设计时，可以根据过道的宽度与长度对墙面进行合理的利用，如果宽度足够的话可以定制储物柜。但注意过道两侧的收纳家具最好都应该以凹嵌式为主，其外边应与相邻的墙面平行。布置后的过道必须要有一个通畅的行走空间，而且从外部望去，其两侧应无突出之物，否则不仅让人感觉压抑，而且还会影响到实用功能。

在过道背景墙上设计壁龛不会占用建筑面积，而且能使墙面具有很好地形态表现，同时又具有一定的展示功能。如果是非承重墙，可以按照设计需求，直接切割出理想尺寸的孔洞，顶部加固，背部加背板，形成壁龛；如果是新建或改建隔墙，可以预留出理想尺寸的孔洞，做加固和背板处理即可。

△ 过道墙上的收纳家具最好都应该以凹嵌式为主，其外边应与相邻的墙面平行

壁龛可以根据设计需要，做统一表面处理，或增加搁板，摆上一些饰品摆件，再结合灯光照明可以使壁龛造型更加突出，达到视觉焦点的目的。

△ 壁龛的设计打破了狭长过道的压抑感，增加了展示功能

厨房墙面设计

WALL SPACE
DESIGN

厨房墙面的色彩应当以浅色和冷色调为主,例如白色、浅蓝色、浅灰色等。这些色彩会使身处在高温、多油烟环境下的人感受到舒畅和愉悦,并且还能增加空间视觉感,让狭小的厨房空间不再那么沉闷和压抑。当然,厨房墙面也可以选择白色和任何一种浅色进行搭配,然后按照有序的排列组合,创造独特个性的厨房。

△ 白色的厨房墙面给人以清爽感,而且在视觉上可以增大空间感

△ 冷色系的厨房墙面具有一定的降温作用,适合高温与油烟的工作环境

厨房墙面的选材，应首先考虑到防火、防潮、防水、清洁等问题。灶台区域的墙面离油烟近，容易被油污溅到，因此可以选择容易清洁的墙砖进行铺贴，其中以品质较好的哑光釉面砖为首选。尺寸大小也是厨房墙砖需要考虑的重要因素之一。市面上常见的墙砖规格在 300mm×450mm ～ 800mm×800mm。也可以选择大规格的瓷砖进行加工切割从而达到理想的效果，而厨房的面积一般比较小，最好选择 300mm×600mm 的墙砖，这样既不会浪费墙砖又能保持空间的协调性。

如果想在厨房的墙面做一些瓷砖铺贴上的变化，在设计时需要花费一些精力。尤其是花片的位置要结合橱柜的方案考虑，比如侧吸油烟机就不适合在灶台处贴花片。此外，还需要算好图样的尺寸，确证瓷砖花片的完整。

△ 黑白色的花砖增加现代风格厨房空间的时尚感

△ 厨房墙砖的尺寸应根据空间面积的大小进行选择

如果选择在厨房墙面铺贴仿古小砖，就难免需要设计腰线对其进行辅助装饰。在设计时，应该根据橱柜算好高度，才能让腰线保持连贯不间断。橱柜的高度可以根据使用者的身高进行定制。台面的离地高度，加上台面靠墙的后挡水条的高度，才是腰线最下端离地的最小距离。

△ 利用仿古花砖拼贴成富有艺术感的画面，注意应先算好图样的尺寸

△ 斜铺的墙砖搭配多色竖向混铺的条转，制造出丰富的视觉变化

△ 乡村风格的厨房墙面常用仿古砖装饰，可采用直铺和斜铺相结合的方式

墙面是厨房收纳不可忽略的空间，例如可以将搁板设计在靠近操作台的墙面上，把瓶瓶罐罐整齐摆放在上面，整齐收纳的同时提供无限便捷。厨房墙面上可安装一根金属管，上面带有挂钩的样式，将各种厨房用品，如杯子、高脚杯、厨具整齐的挂在上面，不仅增加了厨房区域的收纳性，同时也将厨房区域空白的墙面装饰的亮丽整洁。

△ 墙面搁板安装方便，同时也方便厨房用品的拿取

△ 在搁板上有序陈列碗碟，实用的同时富有观赏性

卫浴间墙面设计

WALL SPACE
DESIGN

瓷砖是卫浴间墙面装饰使用量较多的材料。在搭配时，应尽量选择浅色，或者采用下深上浅的搭配，以增强小空间的稳定感。如果空间比较小，可以选择铺贴尺寸较小的瓷砖，采用菱形或者不规则的铺贴方式，在视觉上拉大空间感。

△ 用两种规格尺寸的白色墙砖铺贴墙面，形成整体的同时又产生细节上的变化

△ 上浅下深的墙砖铺贴方式可增加卫浴空间的稳定感

△ 六角砖看似随意却极具美感的拼接方式在满足了创意的同时，也让卫浴空间多了一些新鲜感

防水墙纸是卫浴间墙面的装饰新材料，通常防水墙纸比一般墙纸要厚6倍左右，而且很有弹性，反复遭水浸泡也不会像普通墙纸那样出现掉色、脱落等问题。

此外，防水漆也十分适合运用在卫浴间的墙面装饰上，施工方便，效果明显，容易清理，同时还能起到防止墙体发霉的作用。

很多人认为卫生间的墙砖一定要贴到顶才好看和实用，其实只要把淋浴房的墙面用墙砖贴到顶就可以，像干区、浴缸、马桶间等水溅到墙面不是很高的区域可以考虑用墙砖贴到1~1.2m的高度。上半部分采用除墙砖类以外的材料进行装饰，如常见的墙纸以及乳胶漆等，这样既节约成本，也能形成独特的效果。

△ 卫浴间干区下部的墙面贴砖，上部的墙面铺贴防水墙纸，施工时应注意两者之间的收口问题

△ 防水涂料的应用

卫浴间中装饰腰线是比较常见的一种做法，传统的腰线高度大概在距离地面0.6~1.2m 的位置。不过，空间布局较大的卫浴间可适当降低腰线的高度，使空间层次感更强。而小户型的卫浴间可提高腰线的高度，使空间看起来更加修长。此外，还可以采用双腰线或多条腰线丰富空间的变化。

　　腰线的高度很有讲究，如果腰线高过窗台，在窗户处就会断掉，没有连续性；腰线低过台盆的后挡水高度，就会被盥洗台遮掉，如果有些立体腰线还会影响盥洗台的安装，所以腰线的高度宜尽量高过盥洗台，低于窗台。

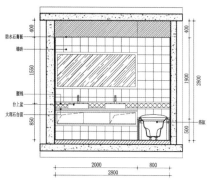

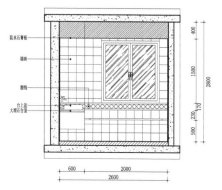

△ 卫浴间腰线的高度宜尽量高过盥洗台，低于窗台

在卫浴间的墙面铺贴马赛克也能起到很好的装饰效果，无论是整体拼贴还是作为局部的点缀，都能改变整个卫浴间的气氛。在色彩的搭配上，除了传统的灰色、黑白色之外，彩色的玻璃马赛克也是不错的选择。

△ 利用马赛克拼花打造的背景墙

△ 黑白色马赛克铺贴的卫浴间墙面

卫浴间是家居中零碎杂物最多的地方，因此在设计时，要优先考虑到收纳问题，充分合理地利用好卫生间里的每一寸空间。比如可以在盥洗台的墙面上设置一个镜柜，不仅能作为化妆镜使用，而且能将瓶瓶罐罐收纳在镜柜中。由于镜柜一般需要悬挂在墙面上，因此在设计前应考虑到墙体的承重问题。

△ 镜柜兼具妆容打扮与收纳卫浴小物件的功能

△ 设计镜柜前应考虑到墙体的承重问题

△ 镜柜中间加入开放式展示柜，增加层次变化的同时也让收纳形式更加丰富

在卫浴间的墙上设计壁龛，不仅不占面积，而且还具有一定的收纳功能。如果为其搭配适当的装饰摆件，还能提升卫浴间的品质，可以说是家居收纳设计中的点睛之笔。

制作壁龛时其深度受到构造上的限制，而且要特别注意墙身结构的安全问题。最重要的一点是不可在承重墙上制作壁龛。壁龛的高度在30cm左右，表面一般需要铺贴瓷砖，以便于日后打扫，而且能起到防水防潮的作用。

如果卫浴间墙面的墙砖都是以小砖为主，建议壁龛以整块砖进行设计，不要以半砖来拼接施工，这样才能保障精准性，以免多次返工。壁龛内的层板可以采用钢化玻璃，也可以采用预制水泥板表面贴瓷砖来完成。

△ 壁龛中利用灯带照明带来悬浮般的视觉效果

△ 壁龛中可根据使用需要增加玻璃搁板

墙面施工工艺
细节解析

在室内空间中，墙占的面积最大，所以墙面装饰是空间界面设计中最核心的部分。墙面会使用不同的装饰材料，每一种材料的表面都有着自身的特点，各自扮演着特殊的角色。在对墙面进行施工时，每种材料都有不同的工艺流程。如果施工规范不到位，就很容易出现问题。

砖石墙面工艺解析

WALL SPACE
DESIGN

天然大理石拼接的
电视背景造型

1. 客厅电视墙采用纹理粗犷的天然大理石进行拼接，凸显挑高墙面的气势，在拼接缝处采用玫瑰金不锈钢线条进行装饰，既起到了增加背景线条感的作用，也实现了大理石背景的拼接过渡。

2. 施工时为了增加大理石粘贴的牢固度，需采用实木多层板进行打底。由于是挑高的墙面，大理石只能采用拼接的方式，拼接缝处采用玫瑰金不锈钢线条进行压边处理，线条的宽度建议在 3~5cm 为宜。

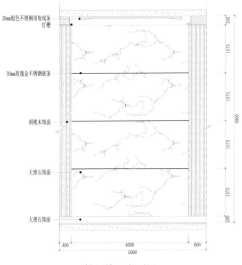

墙面施工立面图

大理石结合白色
烤漆板的造型设计

① 电视背景墙采用大理石结合白色烤漆板进行装饰，并对阴角进行圆角处理，呈对称设计的块状烤漆板使得空间的层次感得以增强，内嵌电视机的设计方式让整体背景显得整洁大气。

② 如果电视背景墙采用内嵌电视机的方式，需要事先确定电视机的尺寸，然后把大理石背景墙内凹做好基层，一般预留出的尺寸一定要比电视机的尺寸更大。悬挂电视机的位置需要进行加固处理，插座、电源线应在隐蔽工程时提前预留好。

深浅色石材拼接的
电视背景设计

① 欧式风格的客厅电视背景墙铺贴纹理自然的大理石，结合镂空的实木护墙板及墙纸进行装饰。大理石背景与两侧白色护墙板相呼应，再加上驼色墙纸的点缀，在灯光的衬托下，营造出空间的整体性与优雅气质。

② 安装大理石时需用实木多层板进行打底，再用大理石胶进行粘贴，由于客厅的电视背景墙较高，大理石板材的规格有一定的局限性，所以需要根据其表面的天然纹理进行拼接安装。施工时需注意纹理的对称性以及拼缝的大小，凸显工艺精湛的同时达到更好的视觉效果。

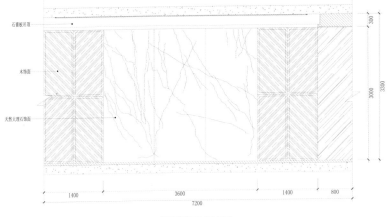

石膏板吊顶

木饰面

天然大理石饰面

| 1400 | 3600 | 1400 | 800 |

7200

300 / 3000 / 3300

墙面施工立面图

需事先了解两种材质的厚度尺寸，对打底的板材进行调整，将两者在同一个平面上安装

整块大理石结合对称的木饰面板造型设计

1️⃣ 沙发背景墙采用金镶玉大理石结合两侧的木饰面板进行装饰。大理石材质的质感较冷，纹路清晰粗犷；木饰面板纹路细腻自然，属于暖性的材质，两者在色彩和质感上形成鲜明的对比，彰显出空间的优雅气质。

2️⃣ 整块的金镶玉大理石与木饰面板在施工时均需采用实木多层板打底，由于大理石与木饰面板的厚度存在落差，要将两者安装在同一个平面上，需事先了解两种材质的厚度尺寸，对打底的板材进行调整，以使最终的完成面达成一致。

艺术花纹大理石结合
石材护墙板的装饰造型

① 欧式玄关墙面采用艺术花纹大理石做背景，结合大理石线条围边与护墙板进行过渡，增强层次感的同时凸显空间的豪华气质。艺术花纹大理石通过大理石边框的围边，让画面的艺术感显得更为浓郁。左右两侧加入小壁龛与装饰品的进行装点，透过灯光的点缀，营造别致优雅的空间氛围。

② 安装艺术花纹大理石与大理石护墙板需采用实木多层板打底，艺术大理石的围边线条宽度一般建议12~15cm 为宜。壁龛的规格根据现场情况进行塑造，但在挑高空间中，建议尽量采用细长型的造型更显气质。

大理石外凸结合两侧护墙板
装饰的造型

① 欧式风格的客厅电视背景墙采用浅色的大理石外凸结合两侧的实木护墙板进行装饰，内嵌用线条围边的灰镜，通过镜面的反射增加了空间的视觉冲击力，色彩跳跃的装饰画丰富了空间的色彩，彰显空间的华丽多姿。

② 大理石背景与两侧的实木护墙板需用实木多层板打底，为了两者之间的层次更为鲜明，大理石主背景采用外凸的造型以及分段留缝的方式。由于电视背景墙较高，超出大理石板材的规格范围，分段留缝的方式既满足了大理石背景视觉上的线条感，又让大理石的拼接得到更好的过渡。大理石拼接留缝的尺寸一般建议在 3~5cm 效果较好。

大理石施工时需注意纹理的对称性
以及拼缝的大小

工艺解析 · 砖石墙面 · 007

大理石护墙板在
挑高背景墙上的应用

1. 挑高的客厅电视背景墙采用米黄色大理石护墙板与
线条相结合的装饰方式，与空间深色木质的搭配相
得益彰，再结合壁灯与装饰画的点缀，整体表现出
一种端庄大气的氛围。

2. 大理石护墙板安装时需用实木多层板打底，再用大
理石胶进行粘贴。考虑到大理石板材长度的局限性
以及运输安装的风险性，建议大理石护墙板按中间
楼板的高度进行分段定制，线条采用45°斜口拼
接的方式更为美观。

工艺解析 · 砖石墙面 · 008

分段拼接的方式
安装天然大理石背景

1. 欧式风格的客厅电视背景墙铺贴纹理自然的大理
石，结合镂空的实木护墙板及墙纸进行装饰。大理
石背景与两侧白色护墙板相呼应，再加上驼色墙
纸的点缀，在灯光的衬托下，营造出空间的优雅
氛围。

2. 安装大理石需用实木多层板进行打底，再用大理石
胶进行粘贴，由于客厅的电视背景墙较高，大理石
板材的规格有一定的局限性，需要根据其表面的天
然纹理采用拼接的方式进行安装。施工时要注意纹
理的对称性以及拼缝的大小，凸显工艺精湛的同时
达到更好的视觉效果。

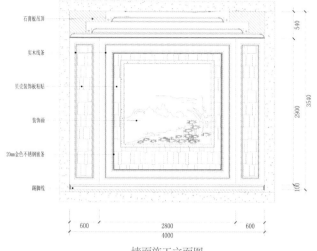

石膏板吊顶
实木线条
贝壳装饰板粘贴
装饰画
20mm金色不锈钢嵌条
踢脚线

540
2900
3540
100

600　　2800　　600
4000

墙面施工立面图

大理石线条框结合贝壳马赛克的造型设计

① 餐厅背景墙采用大理石线条框结合贝壳马赛克进行装饰，两者在颜色上形成对比，在灯光的衬托下，延伸空间的视觉感受。金属线条的镶嵌除了让材质更好地过渡收口之外，更能够营造出背景的精致感。

② 施工时应注意大理石线条框与贝壳马赛克这两种材质之间的搭配比例，以及线框之间的距离。一般大理石线条的宽度尺寸控制在 10~15cm，采用 45°角拼接的方式进行安装。贝壳马赛克施工时需先用实木多层板打底，再用马赛克专用胶进行粘贴。

三种材质混搭装饰
的电视背景

① 客厅电视机背景墙分别采用做旧的实木护墙板、石材雕花板、爵士白大理石三种材质进行装饰。在设计手法上做了对称造型的处理，中间采用大理石边框收口，形成完美过渡的同时突出主背景的画面感。

② 三种材质的组合运用需注意彼此之间的层次与比例关系，根据背景墙的面积，通常采用七等分的形式：左右两侧各占两等分，中间主背景占三等分的形式。大理石背景墙需采用线条进行收口，为了达到材质之间的协调统一，本案选择大理石线条进行收口处理。

外凸石材壁炉镶嵌
电视机的装饰造型

① 电视背景墙上采用外凸壁炉镶嵌电视机，错落有致的壁炉造型，结合左、右两侧大理石护墙板的装饰，呼应整体风格的同时，增加空间层次。背景两侧结合壁灯的点缀方式，映射在光亮的石材面上，凸显出墙面石材的质感。

② 外凸壁炉需要采用木工板做框架，现场测量后采用大理石加工制作。在平层空间中设计壁炉，高度尺寸一般建议不超过 240cm，控制在 180~220cm 为宜。由于需要把电视机镶嵌在壁炉内，所以在制作的时候需根据客厅的整体比例确定电视机的尺寸大小，在设计隐蔽工程时，把电源以及网络接口预留在电视机背后，方便使用。

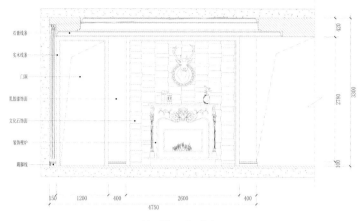

石膏线条
实木线条
门洞
乳胶漆饰面
文化石饰面
装饰壁炉
踢脚线

420
2780
3300
100

150 1200 400 2600 400
4750

墙面施工立面图

文化石背景墙结合内嵌电壁炉的设计

① 在美式风格的空间中，电视背景墙采用质感粗犷的砖石类材质作为主材较为常见，一方面营造一种返璞归真的空间氛围，另一方面也凸显别具一格的个性化空间画面。内嵌电壁炉的设计也是欧美文化的体现，同时增加了空间的温馨感。

② 砖石类材质在施工时应先用实木多层板打底，再进行粘贴，以保证其平整度和牢固度。造型的周边需要用实木线条进行收口，线条的宽度根据背景的面积调整尺寸，一般建议 8~10cm 为宜。装饰壁炉在安装前应先确定尺寸大小，在背景墙上预留出相对应的尺寸及电源。

拼花大理石结合
实木护墙板的设计

① 电视背景墙采用拼花大理石结合实木护墙板进行装饰，独特的天然纹路在视觉上散发着张力，同时增加了客厅空间的艺术装点效果。当卧室的门洞处在客厅的电视背景墙上时，可采用隐形门结合对称实木护墙板的装饰方式，既达到统一整体的效果，又很好地隐藏了门洞的位置，增加卧室的私密性。

② 施工时需注意大理石背景与两侧的实木护墙板之间存在高低差，采用实木线条进行收口，一方面大理石背景可以很好地进行过渡，另一方面则是为了预留隐形门的门套空间，形成恰到好处的视觉感受。

天然石材铺贴的
外凸造型结合壁炉装饰

① 客厅背景墙采用主背景外凸的造型，结合天然石材以及壁炉做装饰，让空间凸显层次的同时，更具有浓郁的美式乡村的韵味。中间的一根实木既满足了摆放装饰品的功能需求，也呼应了顶面的实木横梁。壁炉采用红砖进行装饰，让背景别具一格的同时，与左、右两侧的拱形造型形成呼应。

② 由于背景墙需要塑造外凸造型的立体感，所以需用木工板打好基础后，再把石材用大理石胶进行粘贴。施工时需要注意中间的这根实木外凸的尺寸把控，一般建议在 20~25cm 为宜，这样比例才不会显得突兀。

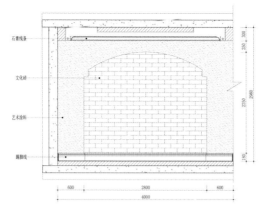

石膏线条

文化砖

艺术涂料

踢脚线

600   2800   600
4000

墙面施工立面图

工艺解析 砖石墙面 015

仿古红砖与艺术涂料装饰的乡村风格墙面

1. 沙发背景墙采用仿古红砖与艺术涂料的组合，材质上尽量选用哑光面红砖，规格上宜选择细长条型的小砖，呼应风格主题的同时更能凸显空间感。在进行填缝时，尽量选择与其色彩对比较为强烈的填缝剂或美缝剂。另外，需要采用美纹纸对砖体边缘做保护处理，以免沾上填缝剂或美缝剂后擦拭不干净。

2. 仿古红砖通常可采用湿铺和干铺两种方法进行铺贴，湿铺不需要打底，采用黄沙水泥加胶水的方式直接在原墙面进行铺贴即可；而干铺需要用多层板打底，采用硅胶粘贴的方式进行，具体可根据不同墙面的要求进行选择。

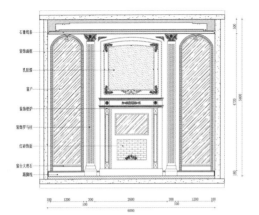

石膏线条
装饰画框
乳胶漆
窗户
装饰壁炉
装饰罗马柱
红砖饰面
窗台大理石
踢脚线

墙面施工立面图

过长的罗马柱建议分成三段加工安装，这样接缝处可以避开平行视线

石材壁炉集合罗马柱的造型

① 欧式挑高客厅背景采用壁炉与装饰罗马柱相结合的形式。如果遇到两侧是窗户的墙面作为客厅主背景时，可采用对称外凸罗马柱与窗户进行层次分割，让整体背景更有空间层次感。

② 因为装饰罗马柱过长，所以需要分段加工，建议尽量不要采用两段对半分，分三段加工安装比较好，这样接缝处可以避开平行视线，安装时需采用大理石专用胶粘贴在木工板上进行固定。欧式风格背景墙采用壁炉作为装饰较为常见，如果壁炉既要满足壁挂电视机，又要满足取暖或者需要摆放炉芯的功能需求时，壁炉的整体高度需要比普通壁炉略高。

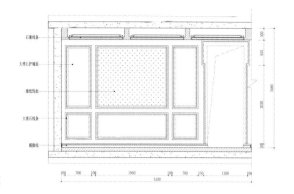

墙面施工立面图

工艺解析 - 砖石墙面 017

大理石壁炉与大理石护墙板结合的形式

① 电视背景采用大理石壁炉与大理石护墙板结合的形式。由于背景墙面积有限，所以大理石壁炉采用分层次的形式来凸显精致感。在壁炉内凹处，需要采用内倒45°角的形式进行拼接，让大理石板面与板面之间，线条与线条之间的衔接更加精细，从而提升整体装饰品质。

② 大理石护墙板在加工定制时，表面需要结合线条的点缀更显层次感。大理石线条除了点缀外，还有修饰大理石板面的作用。在遇到同一批次的大理石板面宽度小于墙面宽度大小的时候，可以把接缝设在大理石线条处，这样既让大理石板面没有色差，还具有很好的装饰效果。

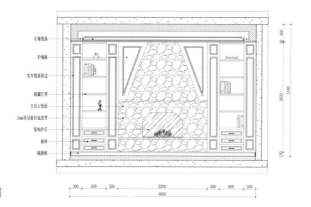

石膏线条
护墙板
实木线条收边
暗藏灯带
文化石饰面
12mm多层板打底造型
装饰炉芯
抽屉
踢脚线

墙面施工立面图

工艺解析·砖石墙面·018

文化石铺贴外凸造型结合壁炉的装饰

① 客厅沙发背景通过外凸造型，采用文化石与护墙板结合装饰柜的组合。文化石施工时需用木工板或水泥板做基础，用硅胶或者黏结剂进行铺贴，石材之间的拼缝需要在地面上先做组拼后再上墙，由于文化石的不规则拼接缝会较大，建议用结构胶进行填缝，一方面塑造不规则缝的层次感，另一方面增加文化石的铺贴牢度。

② 在乡村风格中，壁炉几乎成为空间装饰必不可少的元素之一。内嵌壁炉需要先根据所选的炉芯进行预留孔洞，有特别造型的需根据炉芯的造型进行打造。电子炉芯需要在隐蔽工程中预留独立电源，其电源的高度宜尽量留在角上，以免对孔洞安装造成影响。

大理石背景墙上
镶嵌金属线条的设计

① 电视背景墙采用灰色大理石与木饰面板分段结合的装饰方式，金属线条的镶嵌让整个背景具有细腻的线条感。在局部的错位设计上加入灯带与壁灯的装饰，通过灯光更好地凸显出石材、木质、金属等几种材质的质感。

② 金属线条不仅可以提升背景装饰的精致感，同时也是起到收口作用的常用材质，本案中的大理石背景上镶嵌一圈金属线条塑造画框感，增加轻奢的质感，宽度尺寸上建议选择 3~5cm 为宜。

为了保证镜像纹理的美观性，
应选择同一批次且上下紧挨着的石材

利用纹理进行镜像
铺设的大理石背景

① 客厅电视背景墙利用大理石的纹理进行镜像铺设，再结合两侧的大理石罗马柱与大理石雕花造型，彰显出大气。圆拱形的线条散发出极强的张力，让背景更好地衔接过渡之外，也让空间的层次更加鲜明。

② 大理石进行对称纹理地铺设，需用实木多层板打底。由于天然材质的纹理不同，在选择石材时，需挑选同一批次且上下紧挨着的石材，这样做镜像纹理拼接时才能更接近，如果石材之间的纹理相差太大,会影响整体背景的装饰效果。

护墙板墙面工艺解析

WALL SPACE
DESIGN

沙发的靠背高度尺寸建议
在 125~140cm

工艺解析 - 护墙板墙面 · 001

白色护墙板镂空粘贴壁画

① 美式风格的客厅沙发背景采用白色实木护墙板进行装饰，中间为主体，左、右两侧做对称呼应，凸显空间层次感。部分护墙板镂空并粘贴黑白壁画做装点，呼应整体空间元素，丰富空间氛围的同时展现背景的艺术性。

② 客厅沙发背景的护墙板部分镂空设计，采用黑白壁画进行点缀。由于壁画作为沙发的背景使用，为了不让沙发遮挡住壁画，影响整体的美观性，所以在设计时需注意沙发的靠背高度，尺寸建议在 125~140cm 较为适宜。

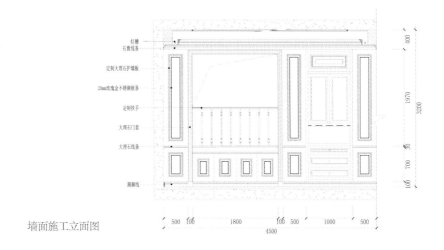

灯槽	400
石膏线条	
定制大理石护墙板	
20mm玫瑰金不锈钢嵌条	1970
定制扶手	3200
大理石门套	
大理石线条	80
	700
踢脚线	100

墙面施工立面图

500 100 1800 100 500 1000 500
4500

石材护墙板与实木护墙板的组合运用

① 客厅空间的沙发背景采用石材与半哑光的实木护墙板进行组合搭配，材质上形成冷暖对比。两侧大理石护墙板采用外凸的方式，中间内凹的实木护墙板周围增加灯光的点缀，增加空间的层次之外，更衬托出实木护墙板的质感。

② 不同材质组合的装饰背景，接口处的衔接尤为重要。本案中采用石材护墙板外凸的造型结合灯槽的运用，再以实木护墙板内凹的方式进行过渡，施工时需注意周围一圈灯槽的留缝应控制在12~15cm 的宽度，以便安装操作以及日后维修。

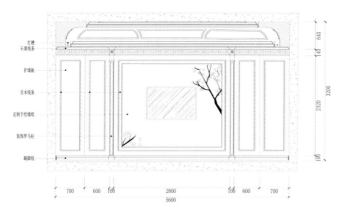

灯槽
石膏线条

护墙板

实木线条

定制手绘墙纸

装饰罗马柱

踢脚线

700　600　100　　　2800　　　100 600　700
5600

墙面施工立面图

对称式中空墙板结合花鸟图案墙布的装饰

① 休闲区的背景采用左右对称的中空式实木护墙板进行装饰，中空部分用花鸟图案的墙布作为点缀，既丰富了整个立面的层次感，同时也形成空间中的视觉中心。

② 如果背景墙上的护墙板高度超过板材 2.4m 的常规高度时，可以采用分段安装的方式，或者在保证整体效果不被影响和破坏的前提下，建议增加顶线和踢脚线来完成背景墙的部分装饰，根据整体比例要求，一般顶线的尺寸要比踢脚线的尺寸更大，才会显得协调。

护墙板镂空部分的边口
需要采用斜口的实木线
条进行收口

中空护墙板

1. 卧室床头墙采用中空护墙板结合壁画的装饰形式，在镂空部分用颜色清新自然的涂料进行装点。中空护墙板的对称性设计既满足整体风格的元素需求，又可以给卧室空间带来清新优雅的氛围。

2. 中空护墙板的设计，在一定程度上节约了装饰成本，另外可以在镂空部分做装饰，不过在镂空部分的边口处理上，需要采用斜口的实木线条进行收口，避免不同材质结合处出现裂缝起皮的情况。

两种材质的
护墙板组合运用

1. 餐厅空间的背景墙采用石材护墙板结合实木护墙板手工描金的方式进行装饰，凸显出空间庄重典雅的氛围，由于餐厅背景的一侧是动线通道，所以在左侧采用深色的护墙板进行呼应，且在色彩上与大理石背景形成强烈的对比。

2. 餐厅背景墙采用两种材质的组合，大理石护墙板与实木护墙板均需要采用实木多层板打底后方可安装，为了让材质之间的收口更加美观，建议实木护墙板比大理石护墙板外凸 10~20mm，效果更佳。

法式风格阶梯式
护墙板造型

1. 在法式风格的空间中,用大理石线条加工后做护墙板的形式在室内装饰中被广泛运用,本案设计中,背景墙以壁炉为中心,采用对称的设计手法展开,阶梯式的背景增加空间的层次,线条的点缀呼应整体风格,更好地凸显出空间的磅礴气势和高雅气质。

2. 背景墙上阶梯式的造型,需要采用多层板做基层,每层的落差不宜过大,建议在 10~15cm 较为适宜,另外,阳角处大理石板材的拼接,建议倒 45° 进行拼接,装饰效果较好,更显工艺的精湛。

左右对称的护墙板
结合墙纸装饰的造型

1. 挑高的客厅沙发背景墙,左、右两侧采用深色的实木护墙板与中间镂空护墙板组合装饰,中间部分铺贴浅色墙纸,采用灯带进行点缀,呼应两侧壁灯的同时,凸显出墙纸的细腻质感,烘托出高雅的氛围。

2. 由于空间属于挑高的户型,所以在设计背景护墙板时,需要注意合理地划分护墙板的尺寸。一方面,由于板材的规格限制,在制作时要分段进行。通过前期设计划分,可以在安装衔接得更完美。另一方面,通过合理的划分层次,增强沙发背景墙的层次感,同时达到更好的视觉效果。

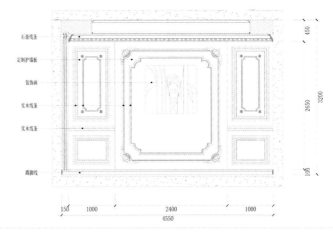

采用两侧外凸对称，中间内凹的设计手法时，一般五等分的比例效果较佳

石膏线条
定制护墙板
装饰画
实木线条
实木线条
踢脚线

450
3200
2650
100

150   1000   2400   1000
4550

墙面施工立面图

工艺解析 - 护墙板墙面 · 008

两侧外凸 + 中间内凹的护墙板造型

① 沙发背景墙的两侧采用外凸对称的实木护墙板，中间部分采用实木线条加实木雕花的造型进行装饰，整体运用灰色系搭配，提升了空间的典雅气质。统一的色彩增加了空间的整体性和空间感。

② 当背景采用两侧外凸对称，中间内凹的设计手法时，需要注意两侧尺寸和比例的把控，一般为五等分效果比例较佳，另外两侧外凸的厚度不宜过大，一般控制在 8~10cm。

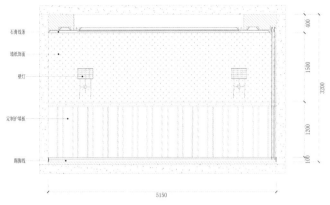

石膏线条	400
墙纸饰面	
	1500
壁灯	3200
定制护墙板	1200
踢脚线	100

5150

墙面施工立面图

工艺解析 – 护墙板墙面 · 009

墙裙式护墙板结合墙纸的应用

① 床头背景墙采用白色墙裙式护墙板结合浅色墙纸的组合装饰，使卧室空间显得简洁干净的同时又不失温馨感，护墙板采用竖条纹的勾缝拉伸空间的纵向视线，增加卧室的空间感。

② 卧室空间不是很宽的情况下，墙裙式护墙板建议采用多层板打底，比采用龙骨打底更节约空间，另外，护墙板高度需要结合床靠背的高度而定，以免两者之间不协调。

实木护墙板加外凸线条
描银的装饰方式

① 挑高空间的餐厅背景墙，采用实木护墙板加外凸线条描银的装饰方式，分段式的块面增加了空间的层次感，结合线条和雕花的点缀，增添了空间雍容华贵的气质。

② 在挑高空间中采用实木护墙板的装饰，需要考虑板材本身的长度和拼接的处理，采用分段式的块面处理比较适合挑高的墙面，中间一段的尺寸可根据当中圈梁的大小结合现场比例进行划分，既满足了空间装饰的美观要求，又可以让护墙板的高度限定在可控制的范围内。

深色实木护墙板结合
对称式罗马柱造型的装饰

① 客厅电视背景墙整体采用深色实木护墙板与装饰罗马柱结合的方式，主背景中间镂空，加入浅色的艺术漆进行装饰。艺术漆的颗粒感与深色护墙板的温润质感形成对比，增强空间层次感。大幅抽象装饰画的点缀丰富空间色彩并呈现出艺术性。

② 安装实木护墙板需采用实木多层板打底，左右两侧对称的装饰罗马柱需采用木工板制作造型，然后采用定制的成品实木护墙板进行安装。中间采用装饰艺术漆喷涂塑造肌理效果，艺术漆的背景需采用实木线条进行收口，线条的颜色与整体背景的护墙板保持一致，尺寸一般建议在 10~12cm 为宜。

深色实木护墙板
结合白色墙面的设计

① 在美式风格空间中，经常采用深色的实木护墙板作为墙面装饰的主材，本案空间的背景墙采用半高的深色实木护墙板结合一部分墙面留白的装饰方式，从而增加空间的对比度和层次感，同时也提升空间的典雅气质。

② 本案的背景中，木装饰护墙板采用半高的装饰处理，需要注意上檐口的收口处理，由于护墙板需要采用多层板做基层处理，由工厂定制整体成品安装，上檐口处的线条处理需要定制"L"以便和留白处更好的过渡。

实木护墙板结合线条框内
铺贴墙布的装饰

① 餐厅空间的两侧背景在设计上分别采用白色实木护墙板结合线条框内铺贴墙布的装饰，在空间右侧增加镂空的金属雕花隔断进行点缀，增加餐厅的通透性与空间感，在实用角度上也增加了餐厅的采光与通风，且与左侧的花纹墙布形成对称呼应，体现出设计的整体性。

② 安装实木护墙板需要用实木多层板打底，墙布的粘贴需要采用专用基膜进行打底，待干透后方可再粘贴。由于墙布区别于墙纸，墙纸是按卷定宽拼贴的，墙布是定高（高度一般规格是 280cm）计算宽度且不需要拼接的。所以在设计空间的背景时，需要注意墙面的高度，精确测量避免浪费。

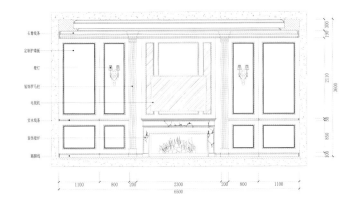

墙面施工立面图

如果想在壁炉上方挂电视，壁炉的高度通常建议不宜超过 1.2m

工艺解析 - 护墙板墙面 · 014

以壁炉为中心的护墙板装饰造型

1. 客厅背景墙以壁炉为中心，结合护墙板、石材以及罗马柱等元素进行组合装饰，壁炉的两侧采用罗马柱的点缀，形成韵律美感的同时也让背景墙具有凹凸起伏的层次感。护墙板上不同的颜色对比，进一步增加了空间的层次，呼应了整体的装饰风格。

2. 在欧美风格的客厅空间中，采用装饰壁炉作为主背景较为常见，如果居住者想在壁炉上方挂电视，需在设计背景时适当降低壁炉的高度，通常建议不宜超过 1.2m，避免电视柜悬挂位置过高而产生观看不适的情况。

护墙板与壁画
结合装饰的造型

① 背景墙采用护墙板结合壁画进行装饰，在灯光的衬托下，把壁画的花纹展现得丰富多彩。左、右两侧的黑白壁画进行对称呼应，一方面增加空间的对比度，另一方面则让铺满了壁画的空间区域有主次之分，从而提升整体的层次感。

② 壁画的铺贴与护墙板的安装均需采用线条框进行收口，由于在空间的动线都采用门洞的方式营造，所以在每个门洞的两侧均采用黑钛不锈钢门套收口。建议把黑钛不锈钢外凸 1.5~2.5cm 作为壁画与护墙板的收口边条，同时也满足了门套的需求。

左右对称的线条造型
结合壁炉装饰

① 会客厅空间的背景墙为了延续整体设计的线条感，采用线条划分块面造型，让空间更有层次感。主背景外凸并结合壁炉装饰，再悬挂装饰镜进行点缀，在一定层面上增加了空间的视觉冲击力。主背景左、右两侧做成对称的造型，加以趣味吊灯的装点，增强空间的画面感。

② 客厅空间的主背景需要采用木工板打底，由于装饰壁炉不需要做内嵌处理，所以在制作时不用预留洞口，但是装饰壁炉的电源线需要提前预备好。背景通过线条的点缀来增强空间的层次感，在线条的大小规格上，一般建议采用 3~5cm 的造型，视觉比例效果较好。

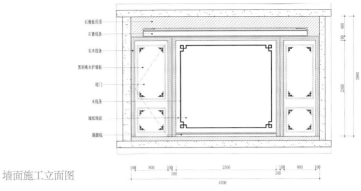

石膏板吊顶
石膏线条
实木线条
黑胡桃木护墙板
暗门
木线条
墙纸饰面
踢脚线

墙面施工立面图

黑胡桃色护墙板与门洞呈对称处理

① 客厅背景墙采用壁画、中式护墙板以及雕花元素的组合，凸显出繁而不乱的优雅气息。电视背景墙上的门洞通过与护墙板的对称处理以及统一材质的装饰，巧妙隐蔽起来，显得空间更加整体。

② 黑胡桃色护墙板在安装的过程中需要先采用 12mm 多层板进行打底，中式雕花应采用胶水加气钉的固定方式。由于护墙板和隐形门是对称关系，所以护墙板的周围需要采用门线条进行呼应；为了使回纹线条不影响手绘墙纸图案的连续性和延展性，顺序上需要先铺贴好装饰手绘墙纸，再安装回纹线条。

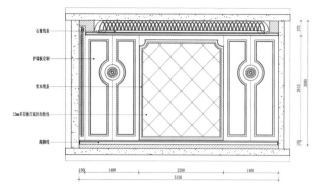

石膏线条
护墙板定制
实木线条
12mm多层板打底拉扣软包
踢脚线

370
2510
190
2880

450   1600   2200   1600
5150

墙面施工立面图

如果护墙板的高度超过240cm，需采用断开拼接或者分段造型的方式

带有外凸圆形雕花的护墙板结合软包的装饰

① 欧式背景墙采用护墙板和软包的结合让背景更有层次感，为了丰富装饰背景，在护墙板两侧采用圆弧线条衬托外凸圆形雕花进行点缀。定制圆弧线条需要注意尺寸比例的大小，建议现场放样后再进行加工定制，以确保整体的比例协调搭配。

② 护墙板施工时需要用多层板打底。在用护墙板做墙面装饰的时候，每块的净高度不宜超过240cm，如有超过这个高度的护墙板需采用断开拼接或者分段造型的方式。拉扣式软包建议采用厚度不低于4cm的高密度海绵加软包型材定制的工艺效果更佳。

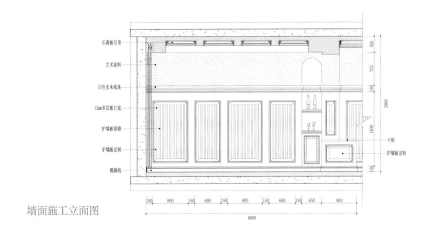

石膏板吊顶
艺术涂料
白色实木线条
12mm多层板打底
护墙板留缝
护墙板定制
踢脚线

墙面施工立面图

半高护墙板结合艺术涂料的装饰

① 餐厅背景墙采用半高护墙板与艺术涂料的结合，由于护墙板是基于原墙面用多层板打底后安装的，而且只有半高的造型，所以在与艺术涂料的衔接处需要设置线条进行收口，以便让两种不同材质之间的分界线有着更好的过渡衔接。

② 收口处的实木线条进行45°拼接时，应该注意切割角度的把握，确保对接缝更加精细，如有避免不了的缝隙可以通过腻子粉进行调剂修补。墙面圆弧拱的造型通常采用木工板放样，手工裁切进行打底，然后用石膏板封面，这样的工艺可以确保造型的对称性和美观性，不建议直接用水泥砂浆粉刷制作造型。

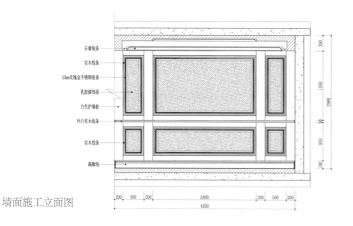

石膏线条
实木线条
20mm玫瑰金不锈钢嵌条
乳胶漆饰面
白色护墙板
外凸实木线条
实木线条
踢脚线

墙面施工立面图

护墙板镂空涂刷乳胶漆的造型

① 采用凹凸有致的护墙板装饰的床头背景墙，需要先用多层板做造型，通过定制木线条与石膏线条分别进行收口，从而增加背景的层次感。白色部分采用木饰面板贴面加实木线条收边后，进行白色混水油漆喷涂 4~6 遍，达到光滑效果。

② 背景墙中的灰色部分采用石膏板结合石膏线条收边，批嵌、打磨结束后用灰色乳胶漆刷涂两遍即可。注意背景中大跨度部分的护墙板不建议采用混水油漆或者定制烤漆护墙板，采用乳胶漆稳定性更佳，因为面积过大的木面油漆时间长了容易变形起壳。

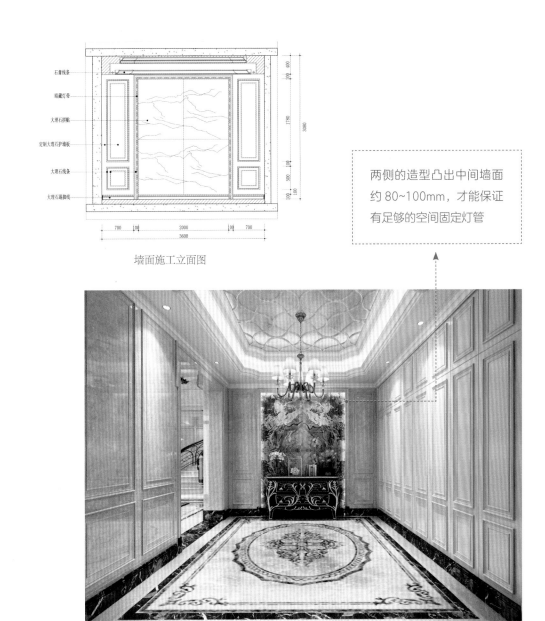

石膏线条
暗藏灯带
大理石拼贴
定制大理石护墙板
大理石线条
大理石踢脚线

两侧的造型凸出中间墙面约80~100mm，才能保证有足够的空间固定灯管

墙面施工立面图

满铺大理石护墙板的装饰背景

① 采用大理石做护墙板，建议先用 12mm 多层板打底确保墙面的平整度，安装时需要用大理石专用胶进行黏合，打胶需要先四边无间断打满，中间加点状的方式，以便黏合度均匀而牢固。

② 中间采用个性花纹图案大理石做背景，同样建议用 12mm 多层板打底，一般大面石材不建议直接湿铺的方式，因为墙面的平整度以及牢靠度都得不到很好的保证。

③ 背景错落的位置需要结合灯光烘托氛围，两侧造型凸出墙面 80~100mm 为宜，既要灯具有隐蔽性，增强美观效果，同时也要保证有足够的空间操作固定灯管。

软包与硬包墙面工艺解析

WALL SPACE
DESIGN

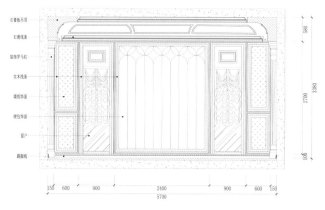

石膏板吊顶
石膏线条
装饰罗马柱
实木线条
墙纸饰面
硬包饰面
窗户
踢脚线

580
2700
3380
100

150　600　900　　　2400　　　900　　600　150
5700

墙面施工立面图

左右两侧是窗户的软包背景收口工艺

① 本案中由于床的左、右两侧是窗户，为了增强卧室床头背景的画面感，同时也提升卧室空间的设计品质，所以床头背景的中间采用的是蓝紫色的软包造型，结合收边的大理石线条，体现出造型的精致感。

② 软包背景需要用实木多层板打底，弧形的造型景建议采用型材的制作工艺。当两侧是窗户时，中间的软包背景需要用实木线条进行收边，具体应根据背景的面积大小来调节收边线条的宽窄比例，一般建议在 12~18cm 为宜。

水墨山水图案
的硬包背景

① 轻奢风格的卧室床头背景采用水墨山水图案的硬包装饰，在两侧床头吊灯与背景灯带的点缀下，此起彼伏、连绵不绝的山峦画面更具别样的气势与意境，既有中式风格的东方神韵，同时又具有轻奢风格的雅致格调。

② 卧室床头背景的硬包需注意画面尺寸的精确性，选用精细的面料，根据需要的元素点缀进行印刷，并采用高分子板材作为基底，再用胶粘贴安装即可。在施工前需对高分子板材进行打磨，确保板面平整度，以免出现气泡导致起拱，影响整体的装饰品质。

实木护墙板与硬包
结合装饰的背景

① 卧室床头背景墙采用两侧实木护墙板结合中间硬包的装饰方式，护墙板上加入金属线条的点缀，通过隐藏式灯带的映衬，增强整体背景品质感的同时又具有温馨画面感，同时深颜色的对比也让空间的层次更为鲜明。

② 实木护墙板与硬包背景均需采用实木多层板进行打底，由于在床靠背的两侧增加点缀性 LED 灯光，所以中间背景需做凸出处理才能安装暗藏式灯带，为了方便施工，外凸出背景的厚度建议在 8~12cm 较为适宜。

皮雕软包与对称
木雕花格的装饰造型

① 电视墙采用皮雕软包结合两侧对称式的木雕花格进行装饰，中间主背景不规则的造型给整体增添了一份艺术感，两侧镂空的雕花隔断可以朦胧地看到里面的空间。一方面拓展了客厅空间的视觉感，提升空间的通透性；另一方面增加点缀效果，呼应整体空间的设计元素。

② 软包背景的制作需要先用实木多层板打底，软包造型发光的工艺只能通过工厂定制而成，特定的造型和花型定制需在背景基层完成后，做好尺寸的精准测量，然后向工厂下单定制，内嵌 LED 灯光的设计需要在底部基层预留灯光电源。

皮革硬包与对称式
护墙板的装饰造型

① 客厅沙发主背景采用深蓝色皮革硬包镶嵌玫瑰金不锈钢线条进行点缀以及收口，两侧对称的护墙板中间铺贴浅色墙纸，在射灯的映衬下，凸显背景材质的肌理感。两者间形成较为鲜明的色彩对比，确定背景墙的主次，提升空间层次感。

② 无论皮革硬包还是护墙板的制作，均需采用实木多层板打底。玫瑰金不锈钢线条在硬包上的镶嵌，需要在制作硬包时候预留槽口，在硬包安装完毕后直接卡入即可。在护墙板上镶嵌金属不锈钢线条，需要在木板上预留槽口。在金属不锈钢线条规格的选择上，一般建议 2~3cm 的尺寸更显精致。

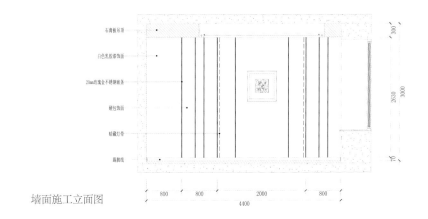

石膏板吊顶
白色乳胶漆饰面
20mm玫瑰金不锈钢嵌条
硬包饰面
暗藏灯带
踢脚线

300
2630
3000
70

800　800　2000　800
4400

墙面施工立面图

硬包加局部镶嵌镜面的装饰方式

① 卧室的床头背景采用硬包加局部镶嵌镜面的装饰方式，并用玫瑰金不锈钢线条进行收口，让整体显得格外精致，同时也增加了背景的线条感。床头背景的中间部分外凸并增加暗藏式灯带的点缀，让其与两侧墙体之间的层次更加鲜明。呈对称形式镶嵌的长条银色镜面，增强空间的视觉延伸感。

② 硬包需要采用实木多层板打底，在镶嵌玫瑰金不锈钢线条时，建议采用型材的卡槽制作方式，预留出线条的尺寸，增加稳定性，建议不锈钢线条的厚度不低于 1cm，宽度在 3~6cm，效果更为精细。

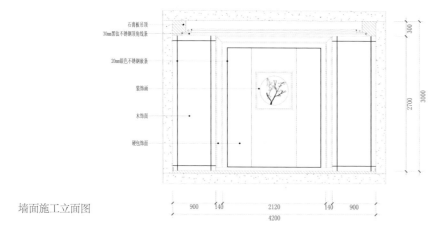

石膏板吊顶
30mm黑钛不锈钢顶角线条

20mm银色不锈钢嵌条

装饰画

木饰面

硬包饰面

300
2700
3000

900 140 2120 140 900
4200

墙面施工立面图

浅色硬包结合深色高光烤漆护墙板的造型

① 玄关背景墙采用浅色硬包结合深色高光烤漆护墙板进行装饰，两者色彩形成鲜明的对比。造型层次上呈现画框式地设计，与装饰画地搭配十分巧妙，在顶部射灯与高脚台灯的映射下，彰显出空间的高雅品位。

② 施工时需注意硬包背景的线条框与两侧高光烤漆护墙板之间的高低差，线条框在外凸墙面与硬包背景之间需要采用线条进行收口，收口线条的尺寸建议控制在 12~18cm，装饰效果更佳。

大块的皮雕软包通常采用等分的方式进行安装，每一块的尺寸建议在 80~100cm 为宜

工艺解析－护墙板墙面·008

皮雕硬包与灯光结合的装饰背景

① 卧室床头背景采用皮雕硬包与装饰画框的收口进行装饰，给人耳目一新的感觉。皮雕硬包上错落有致、层叠起伏的图案，在顶部灯光的衬托下，凸显个性化的同时也增加卧室空间的优雅品质。

② 卧室床头背景采用皮雕硬包的装饰，需采用实木多层板打底。由于皮雕硬包产品需要工厂机器雕刻，所以对其尺寸的精确度要求较高。考虑到型材的宽度有限且为了方便运输安装，通常采用等分的方式，每一块的尺寸不宜过小，建议在 80~100cm 为宜。

工艺解析－护墙板墙面·009

木饰面板集合半圆柱式软包的造型设计

① 卧室床头墙采用左右对称的木饰面板结合中间半圆柱式的软包进行装饰，两者在色彩上形成深浅的对比关系。半圆柱式的软包拉升了空间的纵向感，深色木饰面板上镶嵌玫瑰金的金属线条，凸显空间品质的同时提升空间的层次感与线条感。

② 木饰面板与软包在施工时均需要用实木多层板进行打底，半圆柱式软包应用高密度板材先制作好圆弧造型的底模，用墙钉固定在背景墙上之后，再根据底模的造型安装软包，需要注意底模的柱子之间预留出 3~5mm 的缝隙，方便后期包裹面料。

利用硬包块面的分割
划分不同的功能区域

① 客餐厅两个空间是在同一平面上，所以通过背景墙的分割间接划分出两个空间区域。两个空间的背景分别采用咖啡色硬包块面进行装饰，金属不锈钢线条的点缀增加空间的精致感。其中客厅背景融入了镜面的装饰，用白色大理石边框结合金属不锈钢进行收口，拓展了空间的视觉感和通透性。

② 在同一平面上的客餐厅背景墙用硬包结合镜面进行装饰，需采用实木多层板打底。装饰硬包的制作工艺上，建议采用型材的制作方式，不管是从环保还是工艺上都更胜一筹。由于公寓房的层高不是很高，所以大理石边框在收边时需注意尺寸，一般建议在 15~18cm，比例上更加协调。

硬包结合
实木雕花屏格的装饰

① 中式风格的床头背景采用硬包结合实木雕花屏格的装饰，并选择实木线条进行收口。浅蓝色的背景与床品呈邻近色搭配，整体显得十分和谐，床头两侧的雕花屏格具有东方特色的优雅与品位。

② 本案床头背景的制作中，除了硬包要用多层板打底外，雕花屏格的安装不需要打底，且墙面应留白处理，把其他墙面通过龙骨整体抬高后，再把雕花屏格镶入。由于床头背景在床的周围预留了留白墙面，需用实木线条进行收口，线条的尺寸建议控制在 3~5cm 为宜。

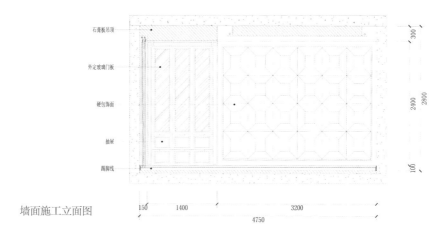

石膏板吊顶

外定玻璃门板

硬包饰面

抽屉

踢脚线

300

2400

2800

100

150   1400   3200

4750

墙面施工立面图

工艺解析 - 软包与硬包 - 012

呈块状装饰的梯形硬包背景

① 卧室床头背景采用错落有致的蓝色梯形硬包呈块状进行装饰，棱角鲜明的线条增加整体的层次感，凸显出个性的同时也让卧室空间给人眼前一亮的感觉。左、右两侧床头柜上加入吊灯进行氛围烘托，凸显温馨的同时也别有一份韵味。

② 梯形硬包需要用实木多层板打底，打好基层后采用弹线的方式进行均匀等分块状。除了控制横竖的块状尺寸比例之外，还应计算块与块之间的拼接缝尺寸，预留出一定缝隙，方便拼装。

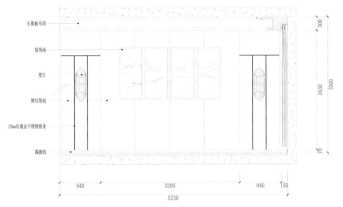

石膏板吊顶
装饰面
壁灯
硬包饰面
20mm玫瑰金不锈钢饰条
踢脚线

300
2630
3000
70

940   3200   940 150
5230

墙面施工立面图

墙面采用两种颜色不一的皮革进行装饰，应注意面料的厚薄差异，尽量选择同一厂家批次的面料

拼色硬包装饰的沙发背景

① 沙发背景墙采用拼色的硬包进行装饰，两侧的白色硬包加入不锈钢线条的点缀，呼应整体的装饰风格的同时增加空间的线条感。中间的橙色硬包给人眼前一亮的感觉，在整个空间背景里起到提升温馨氛围的作用。

② 沙发背景墙上的硬包在制作时，需要采用12cm的实木多层板打底，两种颜色不一的皮革进行相间装饰时，注意面料的厚薄差异，尽量选择同一厂家相同批次的面料。左右两侧的不锈钢线条的宽度建议为3~4cm，在制作硬包时先预留缝隙，并采用卡扣式的型材做基底再进行安装。

真丝壁画与软包
相结合的造型设计

① 卧室床头背景墙的两侧采用竖条圆弧柱形软包的装饰，并用黑钛不锈钢线条收边，拉伸空间视觉层高的同时富有层次感。中间部分采用真丝壁画结合中性光的 LED 灯带进行点缀，凸显卧室空间的高雅品位。

② 由于床头背景采用真丝壁画与软包相结合的装饰方式，两种材质在工艺上有所不同，所以对制作的基层要求也有区别：软包需要用实木多层板打底，壁画不需要打底。可利用两者之间的高低差设计灯带的过渡方式，建议灯槽预留出 6~8cm 的可操作空间。

小圆弧柱式软包造型
的制作工艺

① 床头墙采用肌理感突出且质感明显的小圆弧柱式软包结合两侧素雅色调的墙纸进行装饰，深、浅色的鲜明对比增加了背景的层次。竖向条形的软包背景既拉升了空间的纵向视觉，同时也与床品的色彩形成巧妙呼应。

② 床头背景上的软包造型除了用实木多层板打底之外，想要实现挺拔的半圆弧效果，需要在制作软包型材的时候，采用高密度板做基础。先把高密度板塑造成半圆弧形状，在基层的外面采用软包面料进行包裹，内部填充的海绵建议采用 2~5cm 的厚度较为适宜。

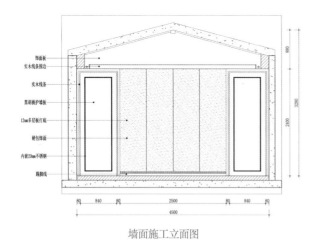

饰面板
实木线条围边
实木线条
黑胡桃护墙板
12mm多层板打底
硬包饰面
内嵌20mm不锈钢
踢脚线

880
3280
2400

80 840 80 2500 80 840 80
4500

墙面施工立面图

护墙板上镶嵌不锈钢线条，
应在定制时提前预留
1.5~2.5cm 的缝隙为嵌坎

刺绣硬包结合黑檀护墙板的装饰

① 卧室床头墙采用刺绣硬包搭配黑檀护墙板，彰显空间的优雅品位和东方秀美韵味。硬包定制前，需在 12mm 多层板打底后进行测量，根据测量数据，把图案的花纹和整体的比例进行排版，由于背景尺寸过宽，需要把硬包进行分段留缝安装，以确保安装的效果。

② 在中式风格的空间中，采用深色的护墙板较为普遍。本案中采用黑檀护墙板加嵌金色不锈钢线条作为点缀，让空间更有层次感。不锈钢线条需要用硅胶进行镶嵌，并且在定制护墙板时，需在护墙板上提前预留 1.5~2.5cm 的缝隙为嵌坎。

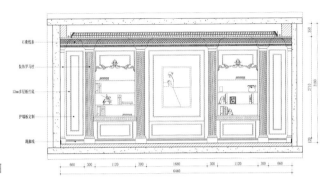

墙面施工立面图

工艺解析·墙面收纳家具·001

护墙板与对称式装饰柜的组合造型

① 欧式沙发背景墙采用护墙板与对称式装饰柜的组合，并通过罗马柱的点缀增加装饰性。装饰罗马柱通常建议比装饰柜与护墙板外凸 3~5cm，方便柜子收口的同时更显层次感；同时装饰罗马柱的安装固定需要采用气钉和胶水结合的方式，保证安装牢度。

② 定制装饰柜丰富了客厅空间的收纳功能。注意定制柜体的时候，横跨超过 60cm 左右的层板建议采用双层加固，一方面增加其稳定性，不易变形；另一方面也增加了层板的厚重感，与整体背景相协调。

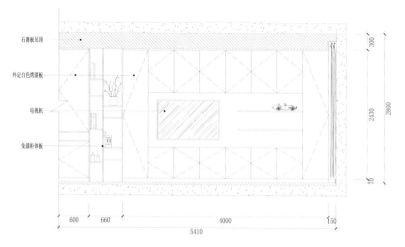

石膏板吊顶

外定白色烤漆板

电视机

免漆柜体板

300

2430

2800

75

600   660   4000   150

5410

墙面施工立面图

工艺解析 - 墙面收纳家具 · 002

储物柜与装饰架组合的造型设计

① 电视背景墙采用储物柜结合装饰架的设计方式，显得简洁干练的同时具有强大的实用功能，是小户型客厅值得借鉴的设计手法。同时整个柜体呈深浅色的对比，增强空间对比度的同时也丰富了空间层次。

② 电视背景墙上嵌入深色的落地装饰架，增加了客厅的展示空间。由于落地装饰架是在铺设地板前先做好的，所以施工时需要注意落地装饰架与地板之间的衔接处，特别是地板的裁切与收口，需用 L 型的地板铜条加硅胶进行固定，以确保地板的牢固度。

白色柜门镶嵌玫瑰金
不锈钢线条装饰

① 客厅电视背景墙的中间部分铺贴墙纸，左右两侧对称设计储物柜。由于门板全部采用白色，所以中间浅色的墙纸与两侧的门板形成延续性，让整体背景更显统一和协调。电视柜台面采用深色木饰面板，与白色门板形成深浅对比。门板镶嵌玫瑰金不锈钢线条作为点缀，增加整体线条感的同时提升背景的质感。

② 白色门板上镶嵌玫瑰金不锈钢线条进行点缀，让本来素雅洁净的门板显得更有线条感与品质感。需注意镶嵌在门板上装饰的金属线条，应根据所定做门板的大小确定宽度尺寸，一般建议在 1.5~3cm，比例更为协调。

蓝灰色装饰柜结合
浅色大理石的装饰

① 客厅电视背景墙采用浅色大理石与蓝灰色的装饰柜组合，柜体与门板浑然一体，圆拱形的柜体造型在 LED 灯光的衬托下，展现出别具一格的空间氛围。大理石线条框既突出体现电视背景的简洁大气，又提升了背景的质感。

② 采用浅色大理石作为背景装饰，安装时需用实木多层板打底。两侧的柜体分别采用大理石线条框进行包裹，一方面呼应整体背景的设计需求，延续整体深浅对比的手法；另一方面则是为了柜体更好地收口，让左、右两侧的见光面均采用石材进行遮挡，让背景显得整体性更强。

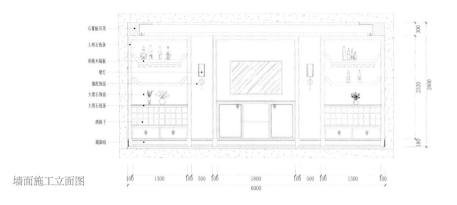

石膏板吊顶
大理石线条
胡桃木隔板
壁灯
墙纸饰面
大理石饰面
大理石线条
酒格子
踢脚线

墙面施工立面图

300
2320
2800
180

100　1300　100　500　100　　1800　　100　500　100　1300　100
6000

左右对称的酒柜造型设计

① 中式风格的餐厅背景墙除了满足挂放电视机的功能之外，左、右两侧采用对称的设计手法，装饰具有储藏展示功能的酒柜，提升了餐厅空间的实用性。层板中加入 LED 灯带的点缀，增加空间的温馨感与整体的质感。

② 酒柜的层板中加入灯光的点缀，施工时需要预留一定的安装、拆卸的操作空间，一般建议不小于 4cm，因为层板也需要隐藏 LED 灯管，所以厚度建议不小于 6cm 为宜。

装饰柜与电视背景
结合的装饰造型

① 充分利用空间的面积，满足生活功能的同时，增强空间的实用性，是小户型空间的设计重点。本案采用电视背景与装饰柜结合的设计形式，增加客厅空间的储藏空间以及展示空间。柜体与门板的颜色采用与整体相统一的色系，保持空间的整体性与协调性。

② 采用装饰柜与背景墙相结合的设计手法，需注意把握柜体的厚度尺寸，根据客厅开间的大小，柜子的尺寸一般控制在 30~40cm。由于柜体是在原有墙面上外凸制作的，所以为让柜子贴得更加紧密，建议柜体的两侧采用石膏板做挡墙。一方面为了让柜体与墙面之间的接缝得到更好的遮盖，不容易出现裂缝；另一方面则使得柜子镶嵌的恰到好处，柜体往里收缩 2~3cm 的落差作为收口，下柜门板正好与石膏板挡墙齐平。

具有灵动感的不规则
装饰柜造型

① 客厅电视背景墙采用两边对称设计装饰柜，中间镂空摆放电视机的方式，中间部分为了迎合电视机的反光面装饰，采用了部分镜面材质，增加了空间的通透性，不规则的装饰柜设计打破常规的呆板，提升空间的艺术气息。

② 在电视背景墙上设置镜面等反光材质时，其面积大小建议结合电视机的尺寸进行设定。另外，镜面材质需要用实木多层板打底，并做好收口的处理，摆放的位置不宜过低，尽量在电视机之上，以免观看电视时造成光反射的影响。

柜体的左、右两侧建议采用石膏板墙做隔墙，然后再把柜子安装在石膏板隔墙的内框中

工艺解析 - 墙面收纳家具 · 008

上下柜组合形式的造型设计

① 本案电视背景墙采用上、下柜组合的方式，上柜底部加入 LED 灯带的点缀，提升了下柜的柜面照明度，同时也增加空间的温馨感。吊柜中除了电视机背景采用深色块面之外，其余门板都采用竖线条相间的设计形式，在一定程度上拉升了背景的纵向高度。

② 电视机背景墙采用上、下柜体组合的方式时，柜体的左、右两侧建议采用石膏板墙做隔墙，然后再把柜子安装在石膏板隔墙的内框中，这样既解决了柜子侧面裸露的问题，也让柜子融入整体设计中。

工艺解析 - 墙面收纳家具 · 009

对称式装饰柜加入点状光源的造型

① 现代简约风格的客厅电视背景采用深色的装饰柜增加整体空间的对比度，柜体采用装饰壁炉结合点状灯光的点缀。主背景加入竖条木方进行等距离的间隔排列，左、右两侧的柜体边缘采用金属边条进行呼应，增加空间的线条感。

② 装饰柜内采用点状光源的点缀，需要提前在顶面预留电源线与检修口。由于灯具是镶嵌在柜体内的，所以在定制柜体时，需要先把灯的口径以及安装的位置预留好，另外，柜体内使用的 LED 灯电压比较小，所以需要采用变压器，预留检修口，一方面是为了把灯的变压器藏入顶面，另一方面也方便日后的维修和更换。

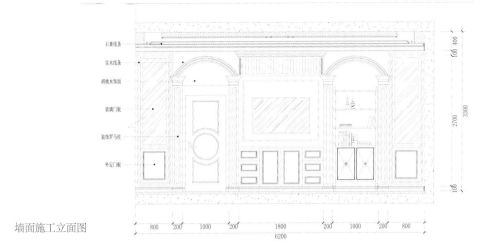

石膏线条
实木线条
胡桃木饰面
玻璃门板
装饰罗马柱
外定门板

墙面施工立面图

600 400
2700
3300
100

800 200 1000 200 1800 200 1000 200 800
6200

工艺解析·墙面收纳家具·010

圆拱形门洞中增加装饰置物架的设计

1 美式风格的电视背景墙设计左右对称的收纳展示柜,圆拱形的装饰柜结合罗马柱的装饰,与房间的门洞造型呈对称的形式。为了满足空间更多的展示功能,设计师还在右侧的圆拱形门洞中增加了装饰置物架。

2 在本案电视背景的整体装饰中,圆拱形装饰门洞与罗马柱的结合无疑是最大的亮点,圆拱形装饰门洞内嵌一个活动式的展示架,既充分利用了空间,又保持了原有的门洞对称性,在设计时应注意踢脚线的突出部分对装饰架尺寸的影响。

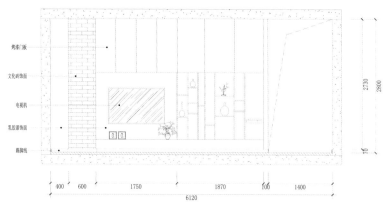

烤漆门板
文化砖饰面
电视机
乳胶漆饰面
踢脚线

2730
2800
76

400 600 1750 1870 100 1400
6120

墙面施工立面图

格子式装饰架与封闭式收纳柜的组合

① 采用收纳柜的设计手法装饰客厅的电视背景在小户型空间中屡见不鲜，这样的设计既可以改变背景装饰的单调感，又可以增加储藏收纳功能，可谓一举两得。本案的装饰柜体中，开放架部分采用 LED 灯光的点缀，让整个装饰背景显得格外精致，同时也增加了空间的氛围。

② 客厅电视背景墙采用收纳装饰柜组合的形式进行设计时，需要考虑预留电视机悬挂的格子空间，一般根据与沙发之间的距离决定电视机的尺寸大小，当然也有一些根据自己的喜好进行配备，建议预留的空格比实际需要摆放电视机的尺寸更宽大一些，边距至少在 20~30cm。

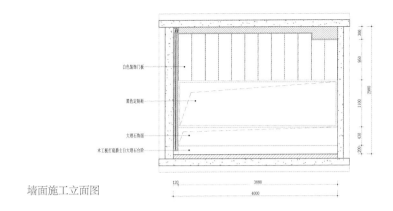

白色装饰门板
黑色定制柜
大理石饰面
木工板打底爵士白大理石台阶

工艺解析·墙面收纳家具·012

电视背墙上制作无把手柜体的工艺

① 为了增加整体空间的储物功能，把柜子融入电视背景进行设计搭配。柜门采用无把手的形式更有整体感，在定制这种无把手柜门时，可以采用柜门比柜体长 50~10mm 的方式，这样手指可以直接扣到凸出部分开门，或者采用安装弹跳器的方式也可以实现。

② 电视背景采用黑色框体与白色门板形成强烈对比，黑色柜体预留的尺寸需参考电视机的宽度，由于横向的面积过长，建议采用 18mm 的板材做背板固定在墙面上，防止跨度过长产生变形。

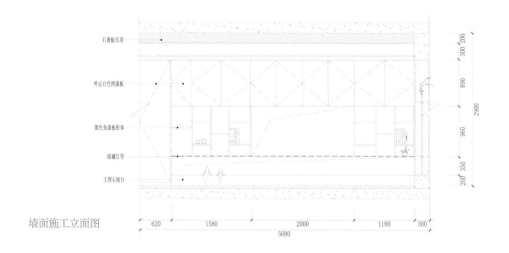

石膏板吊顶

外定白色烤漆板

黑色免漆板柜体

暗藏灯带

大理石地台

墙面施工立面图

620　　1580　　2000　　1180　300

5680

300 200　890　2900　960　350 200

用大理石地台的形式代替电视柜，高度建议在 16~20cm 之间

工艺解析 - 墙面收纳家具 · 013

开放式展示架与封闭式收纳柜组合的电视背景

① 深啡网纹大理石和深色展示架的组合，与白色烤漆门板一起组成电视墙的装饰背景，通过不同的材质和色彩的对比，丰富了整个立面的层次。同时在灯光的衬托下，弱化了装饰柜的体量感，视觉上显得更加轻盈灵动。

② 采用大理石地台的形式代替电视柜，需要先用木工板打底，高度建议在 16~20cm，预留出踢脚线的高度，让地台更有层次的同时可以跟柜体的踢脚线连通，踢脚线高度建议在 6~8cm 为宜。